Patricia Sastre Vázquez (Ed.)
Carolina Boubée
Alejandra Cañibano

El concepto de función: Aportes para su enseñanza en la Universidad

Patricia Sastre Vázquez (Ed.)
Carolina Boubée
Alejandra Cañibano

El concepto de función: Aportes para su enseñanza en la Universidad

Memoria de Investigación

PUBLICIA

Imprint
Any brand names and product names mentioned in this book are subject to trademark, brand or patent protection and are trademarks or registered trademarks of their respective holders. The use of brand names, product names, common names, trade names, product descriptions etc. even without a particular marking in this work is in no way to be construed to mean that such names may be regarded as unrestricted in respect of trademark and brand protection legislation and could thus be used by anyone.

Cover image: www.ingimage.com

Publisher:
PUBLICIA
is a trademark of
International Book Market Service Ltd., member of OmniScriptum Publishing Group
17 Meldrum Street, Beau Bassin 71504, Mauritius

Printed at: see last page
ISBN: 978-620-2-43122-4

El concepto de función
Aportes para su enseñanza en la Universidad
Patricia Sastre Vázquez

En esta memoria se presenta una recopilación de las publicaciones realizadas por la autora entre los años 2002 y 2017 y están en relación con la enseñanza del concepto de función. No se ha seguido un orden cronológico, sino que los trabajos han sido agrupados según los contenidos a los cuales hacen referencia.

INTRODUCCION

Una de las posibles causas de la gran proporción de estudiantes universitarios que no logran aprobar las asignaturas correspondientes a las Ciencias Básicas, en particular Matemática, puede ser el poco interés que tienen los alumnos por estas ramas de la Ciencia, ya que no ven de manera inmediata su aplicación, ni el objeto de tener que tomar cursos sobre estas disciplinas. Durante mi larga experiencia docente, impartiendo clases de Matemática a estudiantes universitarios, he escuchado mil veces a mis alumnos preguntar: ¿Para qué nos van a servir esto que estamos estudiando? ¿En dónde lo vamos a usar? He ensayado muchas respuestas a estas preguntas, como por ejemplo: *"Esta es una de las materias formativas de su carrera, no se preocupen tanto por saber para que les servirá, por ahora les sirve para aprender a pensar"* o *"Cuando estén en las asignaturas de 3 año ya verán aplicaciones de estos temas"*

Con estas respuestas no sé si he logrado satisfacer plenamente a mis alumnos, pero pensar en ellas me ha servido para tomar conciencia de dos hechos muy importantes:

1) Es sumamente importante prestar especial atención a la implementación del currículo de Matemática en una Facultad de Agronomía ya que el objetivo no es formar matemáticos. Los cursos de Matemática brindarán a los estudiantes los elementos cognoscitivos y herramientas que utilizarán en las materias específicas de su carrera; es decir, las asignaturas de las ciencias básicas son el cimiento de su carrera, pero no son una meta por sí mismas.
2) La estructura actual del plan de estudios, con asignaturas aisladas, hace muy difícil lograr introducir conceptos contextualizados en el campo temático de la Agronomía.

Soy ferviente defensora de una tarea docente desarrollada en contexto. Creo que en los procesos de enseñanza-aprendizaje de temas matemáticos en facultades de Agronomía es esencial que los docentes desarrollen sus actividades de enseñanza mostrando continuamente a los alumnos, las relaciones y la aplicabilidad de la Matemática en el resto de las ciencias que estudiarán en su carrera.

Sin embargo dos hechos principales conspiran contra el mejor aprovechamiento de los cursos de Matemática por parte de los estudiantes. Por un lado, a veces los responsables de tales cursos no recuerdan o no conocen conceptos fundamentales relacionados con las prácticas

o

profesionales de la Agronomía, los cuales les permitirían hacer sus clases más atractivas, al destacar la relevancia y aplicación del tema en estudio. Por otra parte, también se observa que los profesores de las asignaturas del ciclo superior de la carrera no utilizan como sería deseable y necesario los diversos recursos que les proporciona la Matemática para la resolución de sus problemas específicos de sus aéreas del conocimiento.

Es claro que para contribuir a solucionar la problemática planteada, es imprescindible que exista una estrecha colaboración interdisciplinaria. Esto implica que los profesores de Matemática y el resto de los profesores deben trabajar juntos. De este modo, el docente responsable de Matemática, puede conocer más claramente los temas básicos que requieren los colegas y sobre ellos, enseñar aplicaciones específicas. Es obvio que no puede exigirse que un estudiante conozca en todos sus detalles los fundamentos de los diversos procedimientos matemáticos. Sin embargo, también es cierto que para superar el empirismo y la vaguedad de muchos razonamientos cualitativos de naturaleza biológica, es muy útil la descripción de las relaciones entre distintos fenómenos y procesos biológicos por medio de expresiones matemáticas cuantitativas.

Una adecuada contextualización, con aplicaciones que no son artificiales, sino al contrario, son del interés del alumno, puede ayudar a lograr la motivación. La Matemática en contexto resulta no ser tan árida, ni estar aislada de la realidad del estudiante y de hecho facilita el proceso enseñanza aprendizaje.

En general, el enfoque epistemológico adoptado ha sido de corte cognitivista, desde que los objetivos planteados están dirigidos a lograr que el alumno sepa aprender y sea capaz de solucionar problema. La meta fundamental perseguida a los largo de todo estos años ha sido *enseñar a pensar y enseñar a aprender*, desarrollando capacidades y destrezas que faculten al estudiante para ser un individuo activo, independiente y crítico.

Aprender es transformar la información en conocimiento. Desde esta óptica el proceso docente debe centrase más en la forma de tratar a la información que en la transmisión de la misma. Traducido a términos didácticos el foco de atención debe colocarse en las estrategias y no en los contenidos, los cuales cambian constantemente. Ya no alcanza con recopilar y transmitir el saber, es necesario formar personas capaces de resolver sus problemas y aquellos que se presentan a su alrededor en la sociedad donde convive, promoviendo el desarrollo comunitario y sin descuidar el medioambiente. Por lo tanto, desarrollar el pensamiento lógico de los estudiantes ha sido una de las grandes preocupaciones. Este proceso constituye la base indispensable para la adquisición de los conocimientos de todas las áreas académicas y permite obtención de nuevos códigos que abren las puertas del lenguaje y hacen posible la comunicación con el entorno. Resumiendo el objetivo fundamental es: "*aprender a pensar*" y "*aprender los procesos*" para saber resolver problemas de la realidad.

Esta memoria comienza presentando un trabajo en el cual se analiza el valor curricular de la matemática en una Facultad de Agronomía en cual se establece la visión epistemológica de la autora. Luego se presentan los resultados obtenidos en diferentes indagaciones sobre los conocimientos previos de los estudiantes, sus dificultades, creencias y condiciones socioeconómicas. Conocer de qué punto se parte, cuáles son los conocimientos previos de los

o

alumnos, qué tipo de concepciones tienen, es fundamental para una tarea docente exitosa. Los alumnos de primer año de la Facultad presentan problemas derivados de falencias en la articulación entre la enseñanza media y la superior, lo cual incide de forma relevante en la enseñanza de la matemática en la Universidad, ya que se necesita de un dominio adecuado de los conocimientos y habilidades precedentes para poder afrontar con éxito los nuevos contenidos. Una forma de identificar las capacidades del alumno ingresante al nivel universitario es mediante una evaluación diagnóstica, que permita saber cuál es su estado cognoscitivo y actitudinal, para luego ajustar la acción a sus características.

La memoria continúa presentando trabajos referidos a aspectos históricos del concepto de función. El estudio histórico de la génesis y desarrollo de los conceptos matemáticos permite entender la forma en que surgen, se sistematizan y se desarrollan los métodos, las ideas, los conceptos y las teorías de esta ciencia. El análisis de los inicios de un concepto, de las dificultades con las que tuvieron que enfrentarse los investigadores y de las ideas que surgieron al enfrentar una situación nueva, son fundamentales para el estudio de los Obstáculos Epistemológicos, cuyo conocimiento es muy importante a la hora de la planificación de la tarea en el aula. A continuación se presentan trabajos en los cuales se discute sobre aspectos fundamentales para facilitar el proceso de enseñanza aprendizaje del concepto de función. Finalmente se muestran algunas aplicaciones prácticas.

o

INDICE

o

o

EL VALOR CURRICULAR DE LA MATEMATICA EN UNA FACULTAD DE AGRONOMÍA

Sastre Vázquez, P. D´Andrea R. Y Cañibano, A.

La enseñanza superior debe de brindar a los alumnos la adquisición de competencias para insertarse como profesionales y como investigadores en los diferentes ámbitos, llevando un bagaje de contenidos conceptuales, procedimentales y actitudinales que le permitan " *saber, saber hacer, ser con conciencia y convivir*", así como la formación de valores universales de respeto por el otro, por la vida y por la libertad, valores que también se convierten en contenidos a enseñar.

En particular, es importante preguntarnos por el valor curricular de la Matemática en la formación de profesionales que no van a dedicarse a su estudio, ni a su enseñanza sino que van a servirse de ella como ciencia instrumental, como ciencia aplicada. Cada ciencia en mayor o menor medida, emplea formulaciones de la Matemática. La Matemática ha pasado a formar parte constitutiva de las ciencias. Se habla del fenómeno de "matematización de las ciencias" en el sentido de que el progreso de las ciencias se hace imposible si no se acude de una u otra forma a los conceptos matemáticos como vía para representar los fenómenos e investigarlos en las diferentes esferas de la realidad.

Es claro que los egresados de una Facultad de Agronomía durante su preparación y durante su vida profesional utilizan todos o casi todos los métodos de la Matemática clásica. Por otra parte, muchos conceptos de la Matemática se han convertido en elementos indispensables de la cultura general. Incluso en la vida cotidiana, los conocimientos referentes a la velocidad de variación de una magnitud (derivada) o al efecto sumario producido por algún factor (integral) son suficientemente útiles. Ellos ensanchan el horizonte intelectual y son aplicables en numerosas situaciones.

Según Kline (1968) la Matemática es la disciplina más simple creada por los seres humanos, ya que se concentra en aspectos muy limitados de la realidad. La simplicidad de los conceptos de que se ocupa casi garantiza que los hechos establecidos en relación con ellos sean también elementales, pero con una efectividad sorprendente en casi todos los aspectos de la vida.

Sin embargo, el aprendizaje de la Matemática resulta conflictivo y laborioso en todos los niveles del sistema escolar incluido el universitario El estilo usual de exposición de la Matemática está influenciado por la elaboración de los fundamentos lógicos de esta ciencia, lo que en ocasiones dificulta la comprensión de conceptos y procesos de gran utilidad para el estudiante.

A fin de ilustrar sencillamente una característica importante de la Matemática que resulta vital para comprenderla, Kline (1886) dice:

o

La Matemática en si misma es un esqueleto. La carne y sangre de las matemáticas consiste en lo que se hace con ellas. Por ello para entender la matemática es necesario conocer por qué se desea un resultado particular, que importancia tiene con respecto a otros resultados y que es lo que se puede hacer con ella.

Lo anterior da lugar a la necesidad de profundizar en los elementos que intervienen tanto en la etapa del diseño de las asignaturas de Matemática como en los que deben atenderse durante el desarrollo del proceso docente y que pueden incidir favorablemente en la actitud de los estudiantes hacia el estudio de las asignaturas de Matemática y de manera positiva en la formación profesional del siglo XXI, que ya está en nuestras aulas, mientras que los profesores de Matemática seguimos siendo los mismos del siglo XX.

¿Qué puntos deberíamos analizar respecto del problema de la enseñanza de la Matemática en la universidad?

En primer lugar, el papel del profesor como mediador, como maestro en el sentido pleno del término. A veces se tiende a creer que el estudiante universitario no necesita una didáctica cuidadosa, porque está sería una especie de auxilio para la inteligencia inmadura de la infancia. No es así. Toda persona que se inicie en la exploración de una disciplina, aún cuando sea especialista en otras, necesita de la intervención y la guía de alguien más experto. Son pocos los que pueden llegar como autodidactas al manejo eficiente de otros ámbitos de conocimiento y esto es así porque aprender es poder atribuir significados cada vez más complejos y para ello necesitamos información suficiente, gradual, y también ejercicio y control de alguien que "sabe más".

En segundo lugar deberíamos plantear el tema curricular. Cada asignatura, cada actividad curricular forma parte de un todo: la oferta de formación que la institución universitaria hace. Cada asignatura aporta de un modo particular en dicha formación, vale decir no es lo mismo enseñar Matemática en la carrera de Sociología que en la carrera de Ingeniería Agronómica. En cada caso la Matemática será incorporada por el estudiante para usos específicos. Y de esto el profesor debe ser consciente, asumirse como parte de un equipo de expertos que contribuyen multidisciplinariamente a la constitución de un campo de saberes y haceres. El proceso de organizar un currículo de Matemáticas para los estudiantes puede describirse desde diferentes puntos de vista, y encontramos diversas explicaciones de este proceso en función de los diferentes marcos teóricos de referencia, así por ejemplo, la tradición alemana llama *"Elementarización"*, a la transformación activa de un contenido matemático a formas más elementales con un doble sentido: ser fundamental y accesible para los grupos de estudiantes que lo reciban (Biehler, R. et al. (Eds.), 1994), o bien desde la tradición francesa se describe este proceso con la teoría de la "*Transposición Didáctica"*, poniendo en evidencia las

o

diferentes variables que intervienen en el paso del conocimiento matemático científico a conocimiento matemático deseado y susceptible de ser enseñado en una etapa educativa.

De ahí la importancia fundamental de reflexionar sobre el perfil profesional al que se apunta, sobre las competencias que se esperan que el estudiante adquiera y consecuentemente identificar la contribución que nuestra asignatura puede hacer.

Actualmente, uno de los aspectos que merece mayor atención, es el trabajo con los alumnos de primer año, donde se afrontan problemas con la articulación entre la enseñanza media y la superior, incidiendo esto de forma elevada en la enseñanza de la Matemática, la que necesita de un dominio adecuado de los conocimientos y habilidades precedentes para poder enfrentar con éxito los nuevos contenidos.

Sin embargo, las dificultades no se limitan a la entrada del estudiante al nivel universitario. Con el fin de verificar la asimilación de conocimientos y la formación de habilidades en las diferentes asignaturas, se han efectuado numerosos estudios e investigaciones. Como resultado de las mismas, en particular las realizadas en los primeros años de las carreras, se han constatado insuficiencias en la formación básica del estudiante.

Los problemas que más comúnmente se presentan son: la falta de dominio de los conceptos básicos y la acumulación formal de ellos, la falta de habilidades para el análisis y resolución de problemas, una deficiente capacidad de aplicación, y un insuficiente desarrollo de la capacidad creadora. En los estudiantes que arriban al primer año también tienen lugar problemas relacionados con la organización y distribución del tiempo de autopreparación de las asignaturas.

Se ha podido comprobar, que entre las causas que afectan los resultados del proceso docente en las asignaturas básicas, está la forma de organización y dirección del mismo (González O. y otros, 1990). Se hace necesario diseñar las disciplinas no para la simple acumulación de conocimientos, sino para que contribuyan a garantizar formas de pensamiento y de adquisición independiente de esos conocimientos a partir de los elementos esenciales que los relacionan con los ya estudiados y de la aplicación de métodos generales. En tal sentido, resulta imprescindible realizar transformaciones en la enseñanza tradicional. La educación superior debe lograr en el estudiante la capacidad de "aprender", es decir, la tarea de la universidad no consiste solamente en dar una gran cantidad de conocimientos sino en enseñar al alumno a pensar, a orientarse independientemente, para lo cual es necesario organizar una enseñanza que impulse el desarrollo de esta capacidad: que el estudiante de sujeto pasivo se convierta en el centro del proceso de aprendizaje.

o

Para ello el profesor debe superarse sistemáticamente, no solamente para actualizarse en todas las técnicas que requiere su profesión sino, sobre todo, para lograr que sus alumnos no solo aprendan nuevos conocimientos sino que "aprendan a aprender".

Se debe trabajar en el aula de modo tal que se logre que la Matemática alcance los objetivos que se propone en las carreras, de manera resumida se pueden expresar como sigue (E. Carlos, 2000):

1) La Matemática como herramienta de cálculo.
2) Como herramienta para modelar y resolver problemas de ingeniería.
3) Como lenguaje universal capaz de contribuir al conocimiento y desarrollo de otras disciplinas propias del perfil profesional.
4) Como herramienta para lograr el desarrollo del pensamiento lógico, la capacidad de razonar, de enfrentarse a situaciones nuevas.

Por todo lo anterior la superación del profesor de Matemática debe estar dirigida en cuatro vertientes:

1) En la propia Matemática.
2) En el conocimiento del perfil del estudiante.
3) En la didáctica de la matemática.
4) En las nuevas tecnologías de la informática y las comunicaciones.

Evidentemente, la superación en la propia matemática debe ser sistemática, más aun si se tiene en cuenta el desarrollo de nuevas teorías que están teniendo un impacto en la actualidad, tales como la lógica difusa, los fractales y otras. Por su parte, conocer el perfil del estudiante es una gran ventaja para el profesor a la hora de desarrollar ejemplos, de motivar a los alumnos, de mostrar el papel de la matemática en la carrera y forma parte de la articulación lógica entre la matemática y las demás disciplina de la carrera; el profesor debe conocer que otras disciplinas utilizan la Matemática, qué herramientas utilizan, las notaciones, los métodos, lo que ayudara a motivar a los alumnos en la matemática y en su carrera. En efecto, para un egresado de la Facultad de Agronomía es muy importante:

1) El trabajo con gráficos, ya que éstos se usan los gráficos para representar el comportamiento de muchas magnitudes y fenómenos.
2) La interpretación del concepto de derivada como "razón de cambio". Magnitudes de trabajo sistemático como velocidad, calor específico, etc. así lo patentizan.
3) La interpretación del concepto de "integral" como suma para poder usarla en el cálculo de diversas magnitudes físicas, como momentos, etc.
4) La habilidad de expresar en lenguaje matemático (modelar matemáticamente) fenómenos y procesos de la realidad.
5) La habilidad de interpretar los resultados obtenidos, identificando las limitaciones que corresponda.

o

6) La habilidad en el empleo de tablas.

Sin embargo, no debe perderse de vista que las matemáticas, además de proporcionar técnicas que permiten cuantificar las relaciones entre variables, también estudian estructuras de objetos ideales y sus relaciones, lo que enfoca a la clarificación de conceptos en las distintas disciplinas de aplicación y a crear un marco unificado de referencia y fundamentación lógica. Obviamente la necesidad de apuntar hacia los modernos métodos analíticos cuantitativos no debe ser puramente teleológica en el sentido de una aplicación práctica inmediata, ya que su valor pedagógico clasifica en primer lugar en nuestra ocupación para una más profunda y más eficiente educación del estudiante.

El saber enfrenta el dilema de definir su calidad, de allí el cambio permanente de modelos de enseñanza, según se acentúen, en sus planes de estudio, las líneas del saber teórico o las de un saber práctico. Lo que es claro es que no puede articularse ningún tipo de currículo que no conjugue simultáneamente, con diversas posibilidades de mecanismos de articulación, dos perspectivas inseparables de la formación: 1) Básica: organización intelectual, análisis conceptual, criterios de teoría y 2) Aplicada: organización para la acción, dominio técnico y función instrumental.

No puede pues existir, para ningún tipo de formación, una contraposición entre el saber y el hacer. Lo que si puede variar es la proporción en que ambos saberes entran a jugar en el ordenamiento y desarrollo del currículo, criterio que debe ser regulado por el tipo y nivel de competencia que se asigne al egresado.

Los procesos mentales que permiten dar contenido a los objetos ideales matemáticos son complejos y no exentos de obstáculos. Para llevar a cabo con éxito esta tarea es necesario:

a) Comprensión total en forma abstracta, de la metodología matemática a aplicar.
b) Conocimiento acabado del problema a resolver, con identificación de las múltiples variables intervinientes y sus interrelaciones, con establecimiento de hipótesis de partida acordes a la naturaleza del o los problemas a resolver.
c) Operaciones de traspasamiento de conceptos aplicados para darle contenido a los objetos ideales matemáticos, teniendo en cuenta las hipótesis de partida.
d) Aplicación de la o las metodologías matemáticas indicadas en punto a) y obtención de resultados.
e) Interpretación aplicada de los resultados obtenidos teniendo en cuenta las características y peculiaridades propias del fenómeno que se intenta describir, estructurar y/o cuantificar.

La aplicación y desarrollo de los pasos indicados requiere no solo el conocimiento matemático, sino también el específico de la aplicación; y además una capacidad especial para identificar la multiplicidad de variables, dentro de las hipótesis de partida asignadas. Como un juego de prueba y error, estas hipótesis podrán ser desechadas y vueltas a elaborar, tantas veces como sea necesario, y todo esto a la luz de lo obtenido en los puntos d) y e), indicados más arriba.

En lo expresado en el párrafo anterior residen las dificultades básicas y fundamentales del aprendizaje y aplicaciones de las matemáticas en general y de esta disciplina en particular. Las operaciones indicadas en punto c) requieren previamente el cumplimiento de los puntos a) y b). El primero exige el conocimiento teórico de la metodología matemática a aplicar. El punto b) el conocimiento profesional especializado del problema a resolver. La realización del traspasamiento indicado en c. requiere la simultaneidad de los conocimientos exigidos en a) y b).

Durante la labor docente se intentará llevar estas teorías al aula anulando las históricas antinomias entre conocimiento intelectual y habilidades operacionales, uniendo ambas formaciones en un proceso convergente hacia el desarrollo de la totalidad humana. Idéntica filosofía se seguirá en la formación de los recursos humanos. Para fomentar el perfeccionamiento y la actualización del personal docente perteneciente al Área de Matemática, se organizarán Seminarios periódicos.

OBJETIVOS GENERALES

Objetivos Educativos

Con la labor docente en el aula se espera:

1) Contribuir a que el alumno pueda establecer correctamente la relación entre el saber matemático y la realidad objetiva, entre el modelo matemático y la realidad modelada.
2) Contribuir a crear habilidades en la aplicación de los conocimientos adquiridos dentro de disciplinas matemáticas y en otras ciencias.
3) Contribuir para que el alumna sepa analizar la solución dada a un problema, valorándola críticamente y defendiendo su criterio profesional.
4) Contribuir a la creación de un lenguaje común de comunicación con especialistas de otras ramas, fundamentalmente con matemáticos.
5) Contribuir a la creación del hábito de actualizar los conocimientos matemáticos en forma autodidacta.

Objetivos Instructivos

Al finalizar los cursos se espera que los alumnos sean capaces de:

1) Conocer los conceptos de límite, derivada e integral, así como sus motivaciones y aplicaciones prácticas.

o

2) Saber interpretar los conceptos básicos de espacios topológicos y aplicarlos al análisis de funciones reales (R , N > 1) y a casos sencillos de espacios de dimensión infinita.
3) Saber interpretar el concepto de limite para sucesiones, funciones , así como para entes matemáticos mas complejos.
4) Conocer la definición de continuidad de funciones reales y las propiedades fundamentales de tales funciones.
5) Conocer la definición e interpretación de los conceptos de derivada y diferencial para funciones con dominio en R , N > 1 y sus aplicaciones fundamentales.
6) Saber definir e interpretar el concepto de integral y calcular en algunos casos simples.

Objetivos operacionales

Al finalizar los cursos se espera que los alumnos sean capaces de:

1) Discriminar entre fuentes de información autorizadas y no autorizadas.
2) Discriminar entre fuentes de información confiable y no confiable.
3) Criticar razonamientos erróneos.
4) Extraer conclusiones válidas.
5) Seleccionar datos y métodos apropiados para la resolución del problema que se le presente.

METODOLOGÍA DIDÁCTICA

Para lograr los objetivos fijados se hace necesario que el estudiante sea incentivado a desarrollar habilidades y destrezas que le permitan juzgar y razonar los problemas que visualiza en el terreno práctico. En el proceso de enseñanza-aprendizaje se deben incluir los aspectos teóricos y prácticos evitando así la partición del estudio de las funciones de n variables. Es decir en el desarrollo de los distintos temas a cada concepto abstracto darle a continuación contenidos concretos que permitan el razonamiento y cuantificación aplicada.

Durante las clases se desea ejercitar la capacidad de observación del alumno con el fin de crear habilidades para encontrar nuevos caminos y metodologías para la resolución cuali-cuantitativa de problemas en asignaturas profesionales.

A fin de alcanzar tal propósito se realiza una propuesta pedagógica que consiste en la siguiente metodología de la enseñanza:

1. Tratamiento tangencial de temas que no conducen sino a conocer aspectos matemáticos cuya utilidad puede resultar discutible y no indispensable.
2. Enfatizar sobre elementos conceptuales para potenciar habilidades y destrezas que permitan comprender e interpretar fenómenos.
3. Incentivar y brindar orientación vocacional para la iniciación de los alumnos en la investigación y en la docencia.
4. Inducción al uso continuo y manejo racional de bibliografía para un mejor conocimiento de temas específicos y/o generales.

o

5. Desarrollo del crecimiento personal e interpersonal de los estudiantes a fin de una mayor socialización que logre una auténtica participación con fundamentos teóricos y científicos.

A fin de lograr un encuadre de la matemática en el marco de una formación integrada entre el *saber-saber* y el *saber-hacer* el carácter de las clases será en general teórico-práctico, distinguiéndose:

Clases grupales: Serán no muy numerosas, donde el número de alumnos dependerá de los objetivos asignados al agrupamiento, a fin de permitir una adecuada e intensa participación del estudiante, expresión de distintos puntos de vista y juicios, con una reorientación de acuerdo a los enfoques críticos que efectúen los restantes integrantes del grupo. Para un mejor funcionamiento de estos grupos es deseable que los alumnos concurran a estos habiendo realizado una lectura previa del tema en discusión.

Exposiciones orales a cargo del profesor: Se realizarán ante un grupo numeroso de alumnos y cuando haya que esclarecer conceptos de difícil asimilación, o para integrar aquellos temas discutidos en sesiones grupales reducidas, o para brindar aportes emergentes de la experiencia personal del docente. Es decir la exposición del profesor se concretará toda vez que sea necesaria o que el alumno la requiera. Lo importante es que esta no se agotará en un monólogo sino que se desarrollará en un diálogo por medio del cual se advierta que el aporte es indicador de los posibles enfoques que el asunto reclama, aclaratorio con respecto a la problemática que encierra, sugerente en la relación con las posibles vías de solución y preciso en el empleo de la terminología precisa.

Clases en gabinete de computación: A efectos de mejorar e intensificar la calidad de la enseñanza se realizarán, sujetas a la disponibilidad de los elementos correspondientes, clases con programas de computación con software matemáticos que permitan: a) representaciones bi y tridimensionales de funciones específicas con diferentes puntos de vista, redes de visualización y escalas: b) Operaciones con funciones utilizando programas de cálculo simbólico y c) Cálculo numérico de funcione y de sus operaciones de cálculo diferencial e integral.

Sería necesario contar con un auxiliar docente por cada 25 alumnos. Los auxiliares docente deberían estar capacitado para colaborar en la conducción de las clases en el gabinete de computación.

EVALUACION

Evaluación puede conceptualizarse como un proceso dinámico, continuo y sistemático, enfocado hacia los cambios de las conductas y rendimientos, mediante el cual verificamos los logros adquiridos en función de los objetivos propuestos. La Evaluación adquiere sentido en la medida que comprueba la eficacia y posibilita el perfeccionamiento de la acción docente. Lo que destaca un elemento clave de la concepción actual de la evaluación: no evaluar por

o

evaluar, sino para mejorar los programas, la organización de las tareas y la transferencia a una más eficiente selección metodológica.

Cuando evaluamos al alumno necesariamente nos estamos evaluando como docentes, estamos revisando qué estrategias debemos modificar para que los alumnos "compensen" aquellos contenidos no construidos en el momento oportuno, cuáles fueron las debilidades y los obstaculizadores que impidieron despertarles el interés por aprender. Y si estos obstaculizadores provienen de niveles anteriores, las decisiones institucionales permitirán "compensar" situaciones de carencia, no para desaprobar o desestimar al alumno sino para plantearse situaciones de compensación.

Para lograr una verdadera evaluación en proceso y formativa (lo que no quita que también realicemos cortes para breves evaluaciones sumativas), deberemos observar aspectos referidos a lo actitudinal, puesto que la enseñanza de valores, actitudes y hábitos suele darse con más fuerza desde la acción de modelaje: cuando el aula se convierte en un espacio flexible y dinámico, de trabajo grupal, de exposiciones abiertas a la pregunta y al diálogo en el cual se fomenta la autonomía al mismo tiempo que el respeto por los otros y por la diversidad, sin perder de vista en ningún momento la calidad académica de los conocimientos que se brindan, podemos decir que se "compensan " los aprendizajes deficitarios desde el primer día.

Más técnicamente podemos definir la evaluación como:

"La etapa del proceso educativo que tiene como finalidad comprobar, de manera sistemática, en que medida se han logrado los objetivos propuestos con antelación. Entendiendo a la educación como un proceso sistemático, destinado a lograr cambios duraderos y positivos en la conducta de los sujetos, integrados a la misma, en base a objetivos definidos en forma concreta, precisa, social e individualmente aceptables." (P. D. Laforucade)

"Evaluación es el acto que consiste en emitir un juicio de valor, a partir de un conjunto de informaciones sobre la evolución o los resultados de un alumno, con el fin de tomar una decisión. " (B. Maccario)

"La evaluación es una operación sistemática, integrada en la actividad educativa con el objetivo de conseguir su mejoramiento continuo, mediante el conocimiento lo más exacto posible del alumno en todos los aspectos de su personalidad, aportando una información ajustada sobre el proceso mismo y sobre todos los factores personales y ambientales que en ésta inciden. Señala en que medida el proceso educativo logra sus objetivos fundamentales y confronta los fijados con los realmente alcanzados." (A. Pila Teleña).

o

La gran mayoría de los autores (R. Tyler, B. Bloom, G. De Landsheere, B. Maccario) agrupan los diferentes objetivos y funciones de la evaluación que ya enumeramos en tres grandes categorías:

1) La Evaluación Predictiva o Inicial (Diagnóstica), se realiza para predecir un rendimiento o para determinar el nivel de aptitud previo al proceso educativo. Busca determinar cuáles son las características del alumno previo al desarrollo del programa, con el objetivo de ubicarlo en su nivel, clasificarlo y adecuar individualmente el nivel de partida del proceso educativo.
2) La Evaluación Formativa, es aquella que se realiza al finalizar cada tarea de aprendizaje y tiene por objetivo informar de los logros obtenidos, y eventualmente, advertir donde y en qué nivel existen dificultades de aprendizaje, permitiendo la búsqueda de nuevas estrategias educativas más exitosas. Aporta una retroalimentación permanente al desarrollo del programa educativo.
3) La Evaluación Sumativa, es aquella que tiene la estructura de un balance, realizada después de un período de aprendizaje en la finalización de un programa o curso. Sus objetivos son calificar en función de un rendimiento, otorgar una certificación, determinar e informar sobre el nivel alcanzado a todos los niveles (alumnos, padres, institución, docentes, etc.).

Estas tres modalidades de evaluación serán aplicadas durante la labor docente. La evaluación será un medio que permita no sólo determinar si los objetivos fijados han o no sido alcanzados, sino que también:

a) Incentivar el aprendizaje dando certidumbre a los alumnos que sus esfuerzos serán evaluados, estimulando así el trabajo responsable y eficiente.
b) Fijar conocimientos, organizar ideas principales por medio de síntesis y análisis.
c) Facilitar el proceso de auto evaluación, dando a conocer los progresos realizados.
d) Identificar con fines de diagnóstico la causa y naturaleza de las dificultades en el aprendizaje.

Se utilizarán como medios de evaluación: pruebas escritas parciales, interrogatorios orales durante las exposiciones o discusiones grupales, trabajos prácticos (individuales o grupales), redacción de monografías, coloquios y seminarios.

BIBLIOGRAFÍA CITADA

Biehler, R. et al (Eds.). (1994). Didactics of mathematics as a Scientific Discipline. Dordrecht: Kluwer Academic Publishers.

Carlos Rodríguez, E. (2000). La superación del profesor de matemática en la Universidad de hoy. Una experiencia cubana. Acta Latinoamericana de Matemática Educativa. Vol. XIII.

González, O. (1990). Perfeccionamiento de la enseñanza de las disciplinas y la formación de habilidades y capacidades específicas. Informe Final, La Habana.

o

DIAGNOSTICO

CURRÍCULUM DEL HOGAR Y RENDIMIENTO DE INGRESANTES UNIVERSITARIOS

Sastre Vázquez, P; Cañibano, A., Boubeé, C; Suhurt, V., Scempio, V, Rey, G.

RESUMEN: Es de gran utilidad poder predecir el rendimiento académico de los estudiantes para tomar medidas oportunas tanto de forma individual como global. Muchas investigaciones han encontrado que la nota obtenida en la prueba diagnóstica es un buen predictor del rendimiento académico posterior del alumno, por lo tanto nos pareció oportuno estudiar algunas variables que podrían estar correlacionadas con las notas obtenidas en las pruebas diagnósticas. En el presente trabajo se caracterizaron los estudiantes que ingresaron a las carreras de: Ingeniería Agronómica (Agro), Licenciatura en Administración Agraria (LAA), Profesorado en Ciencias Biológicas (PB) y Licenciatura en Tecnología de los Alimentos (LTA), en los cursos 2005 y 2006. Se tuvieron en cuenta las notas de las pruebas diagnóstico y su relación con algunas variables como: edad, sexo y la procedencia de estos alumnos, nivel educacional de sus padres, escuela de procedencia, condicional laboral de los padres, etc.

INTRODUCCIÓN

El análisis de la calidad educativa que se desarrolla en una institución puede ser de gran utilidad a la hora de tomar decisiones orientadas a mejorar el sistema educativo mediante su reorganización. Es necesario encontrar procedimientos que permitan predecir el éxito académico individual y global, para luego aplicar estos en la detección de aquellos estudiantes cuyas probabilidades de éxito en la vida universitaria sean bajas y planificar acciones específicas para ellos.

En Cuba se han realizado estudios buscando indicadores para el pronóstico del rendimiento y se ha trabajado con el sexo, la procedencia, lugar en que optó por la especialidad, notas de las pruebas de ingreso que inciden en la carrera, índice escalafonario, etc. En trabajos donde se han considerado estos tipos de variables se ha llegado a la conclusión de que la procedencia, el índice académico y las pruebas de ingreso son predictores relevantes del rendimiento; no así el sexo y el orden de opción de la carrera. (Carrión Pérez, E. 2002).

Shuanior C., (1978), ha puntualizado sobre la importancia de las pruebas de ingreso al centro de educación superior demostrando en su trabajo que los resultados en estos exámenes demuestran la eficiencia de la educación escolar precedente al ingreso y que al mismo tiempo influye en los resultados alcanzados por especialistas graduados del nivel superior.En numerosos estudios realizados acerca de la validez predictiva de las distintas pruebas de admisión se ha observado una correlación positiva con el rendimiento posterior de los alumnos, identificándolo así como uno de los mejores predictores del futuro rendimiento académico (Espino, 1987; Cubero, 1988). Davidson R.C., Lewis E.L., (1998) y Bacallao J, Antón M, Rodríguez E. (1991) han buscado relación entre la enseñanza precedente y las

o

pruebas de ingreso con los resultados obtenidos durante la carrera de medicina, concluyendo que esos indicadores pueden ser utilizados como predictores de éxito académico. Mitchell K, Hayner R, Koeing J. (1994) y Elam Cl, Johson MM. (1997) han validado el MCAT (prueba de admisión) y el IA (índice de preuniversitario), como predictores de rendimiento con el empleo del método de regresión múltiple; que según sus autores proporciona información útil para el comité de admisión en razón de su buena capacidad predictiva del rendimiento, particularmente en los primeros años de la carrera.

En el desarrollo de los componentes, (cognitivo, afectivo y psicomotor), del proceso enseñanza aprendizaje son múltiples las variables que intervienen. Es sabido que en la edad adolescente el alumno está sujeto a una especial sensibilidad para comprender el mundo y para entenderse a sí mismo. En este entorno, las demás personas toman una importancia especial y las propias apreciaciones y valoraciones sobre sí mismo cobran nuevas dimensiones que lo proyectan positiva o negativamente ante el mundo y sus tareas, específicamente en sus rendimientos académicos (Bloom, 1977; Carrasco, 1993).

Existen investigaciones que pretenden determinar la existencia de variables capaces de predecir el éxito académico para estudiantes, como son el índice académico (IA) de preuniversitario, la vía de entrada, prueba diagnóstica (PD) o la de nivel de entrada, la prueba de ortografía (PORT), la prueba de razonamiento abstracto (PRA), los exámenes de ingreso, el sexo, el lugar en que solicita la carrera y la procedencia, entre otras. (González MC et. al., 1988; Bacallao J.,1991 y 1996; Bacallao J, et al, 1992).

Reparaz (1986) estudió una serie de variables como posibles predictores del rendimiento universitario, entre ellos incluyó el rendimiento previo, aptitudes intelectuales, rasgos de personalidad e interés vocacional. El estudio, concluye que existen correlaciones significativas entre rendimientos previos y finales al igual que las aptitudes intelectuales y los rasgos de personalidad, mientras que los intereses vocacionales descienden en correlación con el rendimiento. El usar el rendimiento previo, el proceso de selección, traduce también la disciplina en los estudios y la existencia y efectividad del método de estudio empleado (Mouchard, 1985). En la Universidad de Zaragoza se encontró que el mejor predictor del rendimiento en el primer año de la Universidad es el rendimiento previo, medido a través de notas o pruebas objetivas (Escudero, 1981).

Es necesario profundizar en las características que tienen los componentes personales del proceso enseñanza aprendizaje, en particular el estudiante, que pueden influir en el rendimiento de los mismos. La intersección aquí buscada entre los ambientes personales y del hogar es cuantitativa-descriptiva. Se intenta pues, lograr la mayor y más parsimoniosa explicación del rendimiento, expresado en notas al ingresar a la carrera, y al Ambiente del Hogar (Bloom, 1964, 1977).

Nuestro problema de investigación plantea el siguiente interrogante: ¿Cómo se relacionan el Currículum del Hogar con el Rendimiento Académico de los Alumnos ingresantes de la Facultad de Agronomía?

o

En el presente trabajo se tendrán en cuenta las características de los estudiantes que ingresaron a la facultad en los cursos 2005 y 2006; en relación con su comportamiento en el rendimiento al ingresar, evaluado mediante la nota obtenida en la prueba diagnóstica de matemáticas, buscando la capacidad predictiva de una serie de indicadores que pueden ser utilizados en función de la calidad del proceso docente educativo, pues las características de los estudiantes a su ingreso pueden influir en sus resultados en la carrera; además se aportan elementos acerca de la capacidad predictiva de estos indicadores y se suministran datos acerca de modelos estadísticos que pueden ser utilizados para pronosticar el rendimiento.

Para responder a la pregunta de investigación, fueron planteados los siguientes Objetivos Generales: a) Determinar y comprender los niveles de relación de algunas variables del Hogar con el Rendimiento alcanzado de los alumnos; b) Establecer las variables que mejor describan y expliquen los niveles de Rendimiento Académico de los alumnos.

METODOLOGÍA

El universo de estudio lo constituyeron 308 estudiantes que ingresaron a las carreras de: Ingeniería Agronómica (Agro), Licenciatura en Administración Agraria (LAA), Profesorado en Ciencias Biológicas (PB) y Licenciatura en Tecnología de los Alimentos (LTA) durante los cursos 2005 y 2006. Fueron incluidos en este trabajo todos los estudiantes cuyos datos estuvieran completos en los registros, y se excluyeron los que por alguna causa resultaran dados de baja. Para la recolección de información se realizó una revisión de los expedientes de Secretaría Académica donde se encuentran los datos de registros de ingreso que plasman las características familiares de los alumnos.

Las variables estudiadas y sus categorías fueron las siguientes:

1. Nota del examen diagnóstico tipificada
2. Procedencia: Azul u otras localidades
3. Estado civil del alumno: casado o soltero
4. Trabajo del alumno: trabaja o no
5. Sexo del alumno: mujer o varón
6. Edad del alumno: menores de 22 años o mayores de 22 años
7. Tipo de escuela de procedencia: pública o privada
8. Tipo de secundario: Sociales y Humanas, EGEOR, Ciencias Naturales, Arte y Diseño, Bienes y Servicios y planes anteriores a la reforma
9. Ocupación del padre: no trabaja, jubilado y trabaja
10. Estudios del padre: sin estudios, primario completo, secundario completo, terciario completo y universitario completo
11. Ocupación de la madre: ama de casa, jubilado y trabaja
12. Estudios de la madre: sin estudios, primario completo, secundario completo, terciario completo y universitario completo

o

Los datos obtenidos se procesaron con el paquete estadístico SPSS. Se procedió a categorizar las variables previstas realizando análisis de frecuencia y se utilizó el procedimiento Correlaciones Bivariadas para calcular los coeficientes de correlación Rho de Spearman apropiados para variables con categorías ordenadas. Este coeficiente de correlación mide cómo están relacionadas las variables o los órdenes de los rangos Las pruebas de asociación se realizaron con un nivel de significación de $p <= 0{,}05$.

RESULTADOS

Los estudiantes considerados para el estudio pertenecen en su mayoría a la carrera LAA (40,6%), seguida esta por: Agro con el 29,5%, LTA con el 17,2% y PB con el 12,7 %. El detalle de la preferencia de carrera según la edad del alumno se muestra en la Tabla 1. Es de hacer notar que la carrera LTA es elegida por el 35 % del total de total de alumnos mayores de 22 años, lo que significa un porcentaje de mas del doble que el correspondiente a los alumnos menores de 22 años que la eligen. Además el porcentaje de alumnos menores de 22 años que eligen Agro es mucho más elevado que aquellos mayores de 22 que realizan la misma elección de carrera. Todas estas diferencias resultaron estadísticamente significativas.

Tabla 1: Preferencia de elección de la carrera según la edad del alumno.

Edad	Carrera				Total
	Agro	LAA	PB	LTA	
< 22 años	88	108	33	39	268
	32,8%	40,3%	12,3%	14,6%	100,0%
> 22 años	3	17	6	14	40
	7,5%	42,5%	15,0%	35,0%	100,0%
	91	125	39	53	308
	29,5%	40,6%	12,7%	17,2%	100,0%

Al valorar las características con que ingresan los estudiantes a las diferentes carreras de la Facultad de Agronomía, en los cursos considerados, se encuentra que:

1. El 87 % de los alumnos son menores de 22 años
2. Tal como puede apreciarse en la Tabla 2, respecto al sexo de los ingresantes el 46,1 % fueron mujeres y el 53,9% varones. Sin embargo durante el año 2003 el número de varones (61,8%) fue superior, y durante el 2004 la situación se invirtió, (52% mujeres y 48 % varones)

o

Tabla 2: Elección de carrera según género

Carrera	Sexo		Total
	mujer	varón	
Agro	26 28,6%	65 71,4%	91 100,0%
LAA	46 36,8%	79 63,2%	125 100,0%
PB	33 84,6%	6 15,4%	39 100,0%
LTA	37 69,8%	16 30,2%	53 100,0%
Total	142 46,1%	166 53,9%	308 100,0%

3. Los alumnos procedentes de otras ciudades son exactamente el 50 % del total de ingresantes. Sin embargo se aprecia que la elección de la carrera está relacionada con el lugar de procedencia del alumno. En la Tabla 3 puede apreciarse que la carrera de Ingeniería Agronómica es elegida por el 43,5% de los alumnos provenientes de otras ciudades, mientras que los alumnos de Azul solo la eligen en un 15,6%. Respecto a las carrera PB y LTA son mas elegidas por los alumnos de Azul que por los restantes.

Tabla 3: Elección de la carrera y su relación con el lugar de procedencia del alumno

Procedencia	Carrera				Total
	Agro	LAA	PB	LTA	
Azul	24	56	26	48	154
	15,6%	36,4%	16,9%	31,2%	100,0%
otros lugares	67	69	13	5	154
	43,5%	44,8%	8,4%	3,2%	100,0%
	91	125	39	53	308
	29,5%	40,6%	12,7%	17,2%	100,0%

o

4. Solo el 3,9 % de los alumnos están casados
5. El 27 % de los alumnos provienen de escuelas privadas
6. El 84,9% de los alumnos no trabaja. Sin embargo mientras que el 9,6 % de los alumnos menores de 22 años no trabaja, para el caso de los alumnos mayores de esta edad el porcentaje de trabajadores se eleva al 51,3 %
7. Los alumnos provenían de escuelas secundarias con los siguientes porcentajes: Ciencias Sociales y Humanas (14,9%); EGEOR (24,1%) ; Ciencias Naturales (23,0%); Arte y Diseño (0,4%); Bienes y Servicios (12,1%); Planes anteriores a la reforma (25,5%)
8. Respecto a la ocupación de los padres: el 87,3% de los padres trabaja, un 8,5 % de los hombres están sin trabajo y un 4,2 % son jubilados. Mientras que la mayoría de las madres son amas de casa (54,5%), con un 39% que trabaja y 1,6 % de jubiladas. El detalle de la ocupación del padre según la edad del alumno se muestra en la Tabla 4 donde se aprecia que el porcentaje de padres de alumnos mayores de 22 años, y que no trabajan, es significativamente superior al correspondiente a padres de alumnos menores de 22 años en la misma situación laboral. En la Tabla 5 se puede apreciar que el porcentaje de padres de alumnos de Azul que no trabajan es significativamente superior al correspondiente a los padres de alumnos de otras localidades y que no trabajan.

Tabla 4: Situación laboral del padre según la edad del alumno.

Edad	Ocupación del padre			Total
	no trabaja	jubilado	trabaja	
< 22 años	18	8	224	250
	7,2%	3,2%	89,6%	100,0%
> 22 años	6	4	24	34
	17,6%	11,8%	70,6%	100,0%
	24	12	248	284
	8,5%	4,2%	87,3%	100,0%

Tabla 5: Situación laboral del padre según lugar de procedencia del alumno.

	Procedencia				Total
		no trabaja	jubilado	trabaja	
procedencia	Azul	17	8	115	140
		12,1%	5,7%	82,1%	100,0%

o

	otros lugares	7	4	133	144
		4,9%	2,8%	92,4%	100,0%
Total		24	12	248	284
		8,5%	4,2%	87,3%	100,0%

9. El detalle de los estudios de los padres se muestra en la Tabla 6, donde puede apreciarse que para ambos casos los mayores porcentajes corresponden a padres con primaria completa. Es de hacer notar que el 10,4% de las madres poseen estudios terciarios completos, mientras que para los padres ese porcentaje es de tan solo el 0,6%

Tabla 6: Estudios del padre y de la madre

	Porcentaje padres	Porcentaje madres
sin estudios	2,6	2,3
primario	54,9	44,8
secundario	26,0	29,9
terciario	0,6	10,4
universitario	6,2	6,5
Sin dato	9,7	

Del análisis de las notas obtenidas en el examen diagnóstico surge que el 45% de los alumnos obtienen una nota comprendida entre 6 y 8 puntos, es decir ingresan con los conocimientos mínimos necesarios, y 21% con una preparación matemática mejor a la anterior. El 33,5 % de los alumnos llegan al curso de ingreso de matemática sin las destrezas mínimas. En la Tabla 7 se presenta el detalle de las notas obtenidas en el examen diagnóstico para los años considerados.

Tabla 7: Notas obtenidas en el examen diagnóstico para los años considerados.

Año	Rendimiento				Total
	1-4	4-6	6-8	8-10	
2005	4 3,1%	27 20,8%	56 43,1%	43 33,1%	130 100,0%

o

2006	16 9,0%	56 31,6%	82 46,3%	23 13,0%	177 100,0%
Total	20 6,5%	83 27,0%	138 45,0%	66 21,5%	307 100,0%

Respecto a las variables que se encuentran correlacionadas con la nota obtenida en el examen diagnóstico, del análisis estadístico realizado, surge que existen asociaciones estadísticamente significativas de esta variable con las siguientes variables:

1. Trabajo del alumno: no trabaja (1) o trabaja (2), con un Rho de Spearman de -0,134
2. Sexo del alumno: mujer (1) o varón (2) , con un Rho de Spearman de – 0,132
3. Estudios de la madre: sin estudios (1), primario completo (2), secundario completo (3), terciario completo (4) y universitario completo (5), con un Rho de Spearman de 0,153

CONCLUSIONES

Los alumnos que ingresan a la Facultad de Agronomía de la UNCPBA son en su mayoría: menores de 22 años (87%), solteros (96,1 %), no trabajan (84,9 %), provienen de escuelas públicas (73 %), sus padres tienen trabajo (87,3 %), sus madres son amas de casa (54,5%), el nivel educacional de los padres es primaria completa (54,9 % para los padres y el 44,8 % para las madres), sin embrago es de hacer notar que el 10,4% de las madres poseen estudios terciarios completos, mientras que para los padres ese porcentaje es de tan solo el 0,6%. Respecto al sexo y el lugar de procedencia de los alumnos el número de ingresantes no presenta diferencias para estas variables.

La carrera de Agronomía se caracteriza por inscribir alumnos jóvenes, menores de 22 años preferentemente varones y de procedencia de otras localidades. La carrera de LAA no muestra grandes diferencias al momento de su caracterización por la edad de los inscriptos, aunque el porcentaje de alumnos mayores de 22 años es superior. Es una carrera elegida preferentemente por varones que proceden de otras localidades. Las carrera de PB y LTA es elegida preferentemente por mujeres mayores de 22 años y con lugar de residencia en Azul.

Es de hacer notar que el 9,6 % de los alumnos menores de 22 años no trabaja, y que para el caso de los alumnos mayores de esta edad el porcentaje de trabajadores se eleva al 51,3 %. Además el porcentaje de padres de alumnos de Azul que no trabajan es significativamente superior al correspondiente a los padres de alumnos de otras localidades y que no trabajan.

o

Hablar de "rendimiento" tiene muchas implicancias, máxime si toman a las notas obtenidas por los alumnos como el referente casi exclusivo. La información así obtenida puede dar lugar, incluso, a una lectura ingenua, que centre sólo la responsabilidad académica de forma excluyente en el alumno. Esto no es así, la responsabilidad institucional es decisiva para evaluar lo que se entiende por *rendimiento.* En este trabajo solo se ha pretendido descubrir algunas variables que pueden incidir en algunos aspectos del rendimiento del alumno, sin por ello desconocer aspectos decisivos como el desempeño pedagógico de los docentes y las condiciones en que tiene lugar la práctica educativa. Resumiendo podemos decir que respecto a las variables estudiadas:

. Las mayores dificultades en el examen diagnóstico se constató con los estudiantes que son varones, que trabajan y proviene de familias cuyas madres tienen niveles educacionales bajos.

2. Las variables: trabajo del alumno, sexo y educación de la madre pueden ser utilizados como predictores del éxito en la prueba diagnóstica

Según la UNESCO (1998): "La Educación superior deberá ser accesible a todos en función del mérito. No puede aceptarse ninguna discriminación, ni nadie debería quedar excluido de la educación superior ni de sus ámbitos de estudio, niveles de titulación y diferentes tipos de establecimientos por razones fundadas en su raza, sexo, lengua, religión, ni tampoco por diferencias económicas o sociales ni discapacidades físicas" . Si bien es cierto que no puede haber discriminación en los estudios, en algunos casos los postulantes a ingresar no cumplen con el "merito" mínimo exigido por la prueba, eso involucraría que se les está identificando ya con algunas debilidades y sería deseable implementar medidas que de algún modo sean paliativas de esta situación.

BIBLIOGRAFÍA

BACALLAO J, ANEIROS R, RODRÍGUEZ E, ROMILLO M. (1992). Pronóstico y evaluación del rendimiento académico de un ensayo pedagógico controlado. Rev Educ Méd Sup 1992;6:91-9.

BACALLAO J, ANTÓN M, RODRÍGUEZ E. (1991). La validación del pronóstico del rendimiento en un centro de enseñanza médica superior. Rev Educ Med Sup 1991;5:75-82.

BACALLAO J. (1991). Un enfoque bayesiana no paramétricos del pronóstico del rendimiento académico. Rev Educ Méd Sup 1991;5:29-37.

BACALLAO J. (1996). Las curvas ROC (relative operating charactetistic) y las medidas de detectibilidad para la validación de predictores del rendimiento docente. Rev Educ Méd Sup 1996;10:3-11.

BACALLAO J.(1996). Al rescate de las pruebas de nivel de entrada como predictores del rendimiento en la enseñanza médica superior. Rev Educ Méd Sup 1996;10:12-8.

o

BLOOM, B. (1964). Stability and change in human characteristics. New York: John Wiley and Sons.

BLOOM, B. (1977). Características humanas y aprendizaje escolar. Colombia: Voluntad Ediciones.

CARRASCO, W.(1993). Autoestima en educadores: Un diaporama motivacional . Tesis para optar al Grado de Magister en Diseño de Instrucción en la Pontificia Universidad Católica de Chile.

CARRIÓN PÉREZ, E. (2002). Validación de características al ingreso como predictores del rendimiento académico en la carrera de medicina. Rev Cubana Educ Med Super 2002;16(1):5-18.

CUBERO, M. (1,988). Validez Predictiva de los Puntajes de Admisión y Confiabilidad de la Prueba de Aptitud Académica. Instituto de Investigaciones Psicológicas. Facultad de Ciencias Sociales – Universidad de Costa Rica. San José.

DAVIDSON RC, LEWIS E.L. (1998) Affirmative action and other special consideration admissions at the University of California. Davis School of Medicina.;278:1153-8.

ELAM C. l, JOHSON M.M. (1997). The effect of a rolling admission policy on a Medical school's selection of applicants. Acad Med 1997;72:644-6.

ESCUDERO, E (1981). Selectividad y Rendimiento Académico de los universitarios: Condicionantes Psicológicos y Educacionales. Universidad de Zaragoza. Aragón.

ESPINO M.(1,987).Estudio Psicométrico de las relaciones entre habilidades Intelectuales y Rendimiento Académico. Univ. de la Laguna-Fac. de Filosofía y Ciencias de la Educación. Canarias

GONZÁLEZ M/.C, ALFONSO Z.C, FERNÁNDEZ E, PAYNE S, CABRERA P. (1988) Comparación de los resultados de la prueba de salida y el rendimiento académico de Embriología I en el curso académico 1985-1986. Rev Educ Med Sup 1988;2:87-94.

MITCHELL K, HAYNER R, KOEING J. (1994). Assessing the validity of the updated Medical College Admission Test . Acad Med 1994;69:394-401.

MOUCHARD, T. (1985). Estudio Comparativo entre el Examen de Admisión a la Universidad de Lima y una prueba de Aptitud Académica así como la relación que existe entre ellos y el Rendimiento Académico.

PIZARRO, R., CLARK, L.S. Y ALLEN, M.E. (1987). El ambiente educativo del hogar. Diálogos Educacionales, 9-10, 66-83.

REPARAZ, A. (1,986). La predicción del rendimiento académico en el Curso de Orientación Universitaria. Universidad de Navarra. Facultad de Filosofía y Letras. Navarra.

o

SHUANIOR C. (1978). El ingreso a la Educación Superior en la URSS. Organización en los exámenes de ingreso. Rev Pedagógica 1978;1:24-28.

SILVA LC, ALCARRÍA A. (1993) Predicción del rendimiento académico a partir del perfil de entrada en los estudiantes de enfermería de La Habana. Rev Educ Méd Sup 1993;7:97-106.

o

ESTUDIO DE ALGUNAS CARACTERÍSTICAS DEL ALUMNO INGRESANTE Y SU RELACIÓN CON LA PRUEBA DIAGNÓSTICA DE MATEMÁTICAS

Sastre Vázquez, P; Cañibano, A., Boubeé, C; Suhurt, V., Scempio, V, Rey, G.

RESUMEN: Es de gran utilidad poder predecir el rendimiento académico de los estudiantes para tomar medidas oportunas tanto de forma individual como global. Muchas investigaciones han encontrado que la nota obtenida en la prueba diagnóstica es un buen predictor del rendimiento académico posterior del alumno, por lo tanto nos pareció oportuno estudiar algunas variables que podrían estar correlacionadas con las notas obtenidas en las pruebas diagnóstico. En el presente trabajo se caracterizaron los estudiantes que ingresaron a las carreras de: Ingeniería Agronómica (Agro), Licenciatura en Administración Agraria (LAA), Profesorado en Ciencias Biológicas (PB) y Licenciatura en Tecnología de los Alimentos (LTA), en los cursos 2003 y 2004. Se tuvieron en cuenta las notas de las pruebas diagnóstico y su relación con algunas variables como: edad, sexo y la procedencia de estos alumnos, nivel educacional de sus padres, escuela de procedencia, condicional laboral de los padres, etc.

INTRODUCCIÓN

El análisis de la calidad educativa que se desarrolla en una institución puede ser de gran utilidad a la hora de tomar decisiones orientadas a mejorar el sistema educativo mediante su reorganización. Es necesario encontrar procedimientos que permitan predecir el éxito académico individual y global, para luego aplicar estos en la detección de aquellos estudiantes cuyas probabilidades de éxito en la vida universitaria sean bajas y planificar acciones específicas para ellos.

En Cuba se han realizado estudios buscando indicadores para el pronóstico del rendimiento y se ha trabajado con el sexo, la procedencia, lugar en que optó por la especialidad, notas de las pruebas de ingreso que inciden en la carrera, índice escalafonario, etc. En trabajos donde se han considerado estos tipos de variables se ha llegado a la conclusión de que la procedencia, el índice académico y las pruebas de ingreso son predictores relevantes del rendimiento; no así el sexo y el orden de opción de la carrera. (Carrión Pérez, E. 2002).

Shuanior C., (1978), ha puntualizado sobre la importancia de las pruebas de ingreso al centro de educación superior demostrando en su trabajo que los resultados en estos exámenes demuestran la eficiencia de la educación escolar precedente al ingreso y que al mismo tiempo influye en los resultados alcanzados por especialistas graduados del nivel superior.

En numerosos estudios realizados acerca de la validez predictiva de las distintas pruebas de admisión se ha observado una correlación positiva con el rendimiento posterior de los alumnos, identificándolo así como uno de los mejores predictores del futuro rendimiento académico (Espino, 1987; Cubero, 1988).

o

Davidson R.C., Lewis E.L., (1998) y Bacallao J, Antón M, Rodríguez E. (1991) han buscado relación entre la enseñanza precedente y las pruebas de ingreso con los resultados obtenidos durante la carrera de medicina, concluyendo que esos indicadores pueden ser utilizados como predictores de éxito académico. Mitchell K, Hayner R, Koeing J. (1994) y Elam Cl, Johson MM. (1997) han validado el MCAT (prueba de admisión) y el IA (índice de preuniversitario), como predictores de rendimiento con el empleo del método de regresión múltiple; que según sus autores proporciona información útil para el comité de admisión en razón de su buena capacidad predictiva del rendimiento, particularmente en los primeros años de la carrera.

> *En el desarrollo de los componentes, (cognitivo, afectivo y psicomotor), del proceso enseñanza aprendizaje son múltiples las variables que intervienen. Es sabido que en la edad adolescente el alumno está sujeto a una especial sensibilidad para comprender el mundo y para entenderse a sí mismo. En este entorno, las demás personas toman una importancia especial y las propias apreciaciones y valoraciones sobre sí mismo cobran nuevas dimensiones que lo proyectan positiva o negativamente ante el mundo y sus tareas, específicamente en sus rendimientos académicos (Bloom, 1977; Carrasco, 1993).*

Existen investigaciones que pretenden determinar la existencia de variables capaces de predecir el éxito académico para estudiantes, como son el índice académico (IA) de preuniversitario, la vía de entrada, prueba diagnóstica (PD) o la de nivel de entrada, la prueba de ortografía (PORT), la prueba de razonamiento abstracto (PRA), los exámenes de ingreso, el sexo, el lugar en que solicita la carrera y la procedencia, entre otras. (González MC *et. al.*, 1988; Bacallao J.,1991 y 1996; Bacallao J, *et al*, 1992).

Reparaz (1986) estudió una serie de variables como posibles predictores del rendimiento universitario, entre ellos incluyó el rendimiento previo, aptitudes intelectuales, rasgos de personalidad e interés vocacional. El estudio, concluye que existen correlaciones significativas entre rendimientos previos y finales al igual que las aptitudes intelectuales y los rasgos de personalidad, mientras que los intereses vocacionales descienden en correlación con el rendimiento. El usar el rendimiento previo, el proceso de selección, traduce también la disciplina en los estudios y la existencia y efectividad del método de estudio empleado (Mouchard, 1985). En la Universidad de Zaragoza se encontró que el mejor predictor del rendimiento en el primer año de la Universidad es el rendimiento previo, medido a través de notas o pruebas objetivas (Escudero, 1981).

> *Es necesario profundizar en las características que tienen los componentes personales del proceso enseñanza aprendizaje, en particular el estudiante, que pueden influir en el rendimiento de los mismos. La intersección aquí buscada entre los ambientes personales y del hogar es cuantitativa-descriptiva. Se intenta pues, lograr la mayor y más parsimoniosa explicación del rendimiento, expresado en notas al ingresar a la carrera, y al Ambiente del Hogar (Bloom, 1964, 1977).*

o

Nuestro problema de investigación plantea el siguiente interrogante:

¿Cómo se relacionan el Currículum del Hogar con el Rendimiento Académico de los Alumnos de la Facultad de Agronomía?

En el presente trabajo se tendrán en cuenta las características de los estudiantes que ingresaron a la facultad en los cursos 2003 y 2004; en relación con su comportamiento en el rendimiento al ingresar, evaluado mediante la nota obtenida en la prueba diagnóstica de matemáticas, buscando la capacidad predictiva de una serie de indicadores que pueden ser utilizados en función de la calidad del proceso docente educativo, pues las características de los estudiantes a su ingreso pueden influir en sus resultados en la carrera; además se aportan elementos acerca de la capacidad predictiva de estos indicadores y se suministran datos acerca de modelos estadísticos que pueden ser utilizados para pronosticar el rendimiento.

Para responder a la pregunta de investigación, fueron planteados los siguientes

Objetivos Generales: (a) Determinar y comprender los niveles de relación de algunas variables del Hogar con el Rendimiento alcanzado de los alumnos; (b) Establecer las variables que mejor describan y expliquen los niveles de Rendimiento Académico de los alumnos.

MÉTODOS

El universo de estudio lo constituyeron los 308 estudiantes que ingresaron a las carreras de: Ingeniería Agronómica (Agro) , Licenciatura en Administración Agraria (LAA), Profesorado en Ciencias Biológicas (PB) y Licenciatura en Tecnología de los Alimentos (LTA) durante los cursos 2003 y 2004. Fueron incluidos en este trabajo todos los estudiantes cuyos datos estuvieran completos en los registros, y se excluyeron los que por alguna causa resultaran dados de baja. Para la recolección de información se realizó una revisión de los expedientes de Secretaría Académica donde se encuentran los datos de registros de ingreso que plasman las características familiares de los alumnos.

Las variables estudiadas y sus categorías fueron las siguientes:

13. Nota del examen diagnóstico tipificada
14. Procedencia: Azul u otras localidades
15. Estado civil del alumno: casado o soltero
16. Trabajo del alumno: trabaja o no
17. Sexo del alumno: mujer o varón
18. Edad del alumno: menores de 22 años o mayores de 22 años
19. Tipo de escuela de procedencia: pública o privada
20. Tipo de secundario: Sociales y Humanas, EGEOR, Ciencias Naturales, Arte y Diseño , Bienes y Servicios y Planes anteriores a la reforma
21. Ocupación del padre: no trabaja, jubilado y trabaja

o

22. Estudios del padre: sin estudios, primario completo, secundario completo, terciario completo y universitario completo
23. Ocupación de la madre: ama de casa, jubilado y trabaja
24. Estudios de la madre: sin estudios, primario completo, secundario completo, terciario completo y universitario completo

Los datos obtenidos se procesaron con el paquete estadístico SPSS. Se procedió a categorizar las variables previstas realizando análisis de frecuencia y se utilizó el procedimiento Correlaciones Bivariadas para calcular los coeficientes de correlación Rho de Spearman apropiados para variables con categorías ordenadas. Este coeficiente de correlación mide cómo están relacionadas las variables o los órdenes de los rangos Las pruebas de asociación se realizaron con un nivel de significación de $p <= 0,05$.

RESULTADOS

El 58 % de los alumnos estudiados ingresaron durante el 2004. Este porcentaje es mas elevado que el correspondiente al año 2003, (42%), debido a que durante el 2004 comienza a dictarse la carrera LTA, la cual no existía en esta Facultad con anterioridad. Los estudiantes considerados para el estudio pertenecen en su mayoría a la carrera LAA (40,6%), seguida esta por: Agro con el 29,5%, LTA con el 17,2% y PB con el 12,7 %. El detalle de la preferencia de carrera según la edad del alumno se muestra en la Tabla 1. Es de hacer notar que la carrera LTA es elegida por el 35 % del total de total de alumnos mayores de 22 años, lo que significa un porcentaje de mas del doble que el correspondiente a los alumnos menores de 22 años que la eligen. Además el porcentaje de alumnos menores de 22 años que eligen Agro es mucho más elevado que aquellos mayores de 22 que realizan la misma elección de carrera. Todas estas diferencias resultaron estadísticamente significativas.

Tabla 1: Preferencia de elección de la carrera según la edad del alumno.

Edad	carrera				Total
	Agro	LAA	PB	LTA	
< 22 años	88	108	33	39	268
	32,8%	40,3%	12,3%	14,6%	100,0%
> 22 años	3	17	6	14	40
	7,5%	42,5%	15,0%	35,0%	100,0%
	91	125	39	53	308

o

	29,5%	40,6%	12,7%	17,2%	100,0%

Al valorar las características con que ingresan los estudiantes a las diferentes carreras de la Facultad de Agronomía, en los cursos considerados, se encuentra que:

10. El 87 % de los alumnos son menores de 22 años
11. Tal como puede apreciarse en la Tabla 2, respecto al sexo de los ingresantes el 46,1 % fueron mujeres y el 53,9% varones. Sin embargo durante el año 2003 el número de varones (61,8%) fue superior, y durante el 2004 la situación se invirtió, (52% mujeres y 48 % varones)

Tabla 2: Elección de carrera según género

Carrera	Sexo		Total
	mujer	varón	
Agro	26 28,6%	65 71,4%	91 100,0%
LAA	46 36,8%	79 63,2%	125 100,0%
PB	33 84,6%	6 15,4%	39 100,0%
LTA	37 69,8%	16 30,2%	53 100,0%
Total	142 46,1%	166 53,9%	308 100,0%

12. Los alumnos procedentes de otras ciudades son exactamente el 50 % del total de ingresantes. Sin embargo se aprecia que la elección de la carrera está relacionada con el lugar de procedencia del alumno. En la Tabla 3 puede apreciarse que la carrera de Ingeniería Agronómica es elegida por el 43,5% de los alumnos provenientes de otras ciudades, mientras que los alumnos de Azul solo la eligen en un 15,6%. Respecto a las carrera PB y LTA son mas elegidas por los alumnos de Azul que por los restantes.

Tabla 3: Elección de la carrera y su relación con el lugar de procedencia del alumno

Procedencia	Carrera	Total

o

	Agro	LAA	PB	LTA	
Azul	24	56	26	48	154
	15,6%	36,4%	16,9%	31,2%	100,0%
otros lugares	67	69	13	5	154
	43,5%	44,8%	8,4%	3,2%	100,0%
	91	125	39	53	308
	29,5%	40,6%	12,7%	17,2%	100,0%

13. Solo el 3,9 % de los alumnos están casados
14. El 27 % de los alumnos provienen de escuelas privadas
15. El 84,9% de los alumnos no trabaja. Sin embargo mientras que el 9,6 % de los alumnos menores de 22 años no trabaja, para el caso de los alumnos mayores de esta edad el porcentaje de trabajadores se eleva al 51,3 %
16. Los alumnos provenían de escuelas secundarias con los siguientes porcentajes: Ciencias Sociales y Humanas (14,9%); EGEOR (24,1%) ; Ciencias Naturales (23,0%); Arte y Diseño (0,4%); Bienes y Servicios (12,1%); Planes anteriores a la reforma (25,5%)
17. Respecto a la ocupación de los padres: el 87,3% de los padres trabaja, un 8,5 % de los hombres están sin trabajo y un 4,2 % son jubilados. Mientras que la mayoría de las madres son amas de casa (54,5%), con un 39% que trabaja y 1,6 % de jubiladas. El detalle de la ocupación del padre según la edad del alumno se muestra en la Tabla 4 donde se aprecia que el porcentaje de padres de alumnos mayores de 22 años, y que no trabajan, es significativamente superior al correspondiente a padres de alumnos menores de 22 años en la misma situación laboral. En la Tabla 5 se puede apreciar que el porcentaje de padres de alumnos de Azul que no trabajan es significativamente superior al correspondiente a los padres de alumnos de otras localidades y que no trabajan.

Tabla 4 : Situación laboral del padre según la edad del alumno.

Edad	Ocupación del padre			Total
	no trabaja	jubilado	trabaja	
< 22 años	18	8	224	250
	7,2%	3,2%	89,6%	100,0%
> 22 años	6	4	24	34
	17,6%	11,8%	70,6%	100,0%
	24	12	248	284

o

	8,5%	4,2%	87,3%	100,0%

Tabla 5: Situación laboral del padre según lugar de procedencia del alumno.

	Procedencia				Total
		no trabaja	jubilado	trabaja	
procedencia	Azul	17	8	115	140
		12,1%	5,7%	**82,1%**	100,0%
	otros lugares	7	4	133	144
		4,9%	2,8%	**92,4%**	100,0%
Total		24	12	248	284
		8,5%	4,2%	87,3%	100,0%

18. El detalle de los estudios de los padres se muestra en la Tabla 6, donde puede apreciarse que para ambos casos los mayores porcentajes corresponden a padres con primaria completa. Es de hacer notar que el 10,4% de las madres poseen estudios terciarios completos, mientras que para los padres ese porcentaje es de tan solo el 0,6%

Tabla 6: Estudios del padre y de la madre

	Porcentaje padres	Porcentaje madres
sin estudios	2,6	2,3
primario	54,9	44,8
secundario	26,0	29,9
terciario	0,6	10,4
universitario	6,2	6,5
Sin dato	9,7	

Del análisis de las notas obtenidas en el examen diagnóstico surge que el 45% de los alumnos obtienen una nota comprendida entre 6 y 8 puntos, es decir ingresan con los

o

conocimientos mínimos necesarios, y 21% con una preparación matemática mejor a la anterior. El 33,5 % de los alumnos llegan al curso de ingreso de matemática sin las destrezas mínimas. En la Tabla 7 se presenta el detalle de las notas obtenidas en el examen diagnóstico para los años considerados.

Tabla 7: Notas obtenidas en el examen diagnóstico para los años considerados.

Año	Rendimiento				Total
	1-4	4-6	6-8	8-10	
2003	4 3,1%	27 20,8%	56 43,1%	43 33,1%	130 100,0%
2004	16 9,0%	56 31,6%	82 46,3%	23 13,0%	177 100,0%
Total	20 6,5%	83 27,0%	138 **45,0%**	66 21,5%	307 100,0%

Respecto a las variables que se encuentran correlacionadas con la nota obtenida en el examen diagnóstico, del análisis estadístico realizado, surge que existen asociaciones estadísticamente significativas de esta variable con las siguientes variables:

4. Trabajo del alumno: no trabaja (1) o trabaja (2), con un Rho de Spearman de -0,134
5. Sexo del alumno: mujer (1) o varón (2) , con un Rho de Spearman de – 0,132
6. Estudios de la madre: sin estudios (1), primario completo (2), secundario completo (3), terciario completo (4) y universitario completo (5), con un Rho de Spearman de 0,153

CONCLUSIONES

Los alumnos que ingresan a la Facultad de Agronomía de la UNCPBA son en su mayoría: menores de 22 años (87%), solteros (96,1 %), no trabajan (84,9 %), provienen de escuelas públicas (73 %), sus padres tienen trabajo (87,3 %), sus madres son amas de casa (54,5%), el nivel educacional de los padres es primaria completa (54,9 % para los padres y el 44,8 % para las madres), sin embrago es de hacer notar que el 10,4% de las madres poseen estudios terciarios completos, mientras que para los padres ese porcentaje es de tan solo el

o

0,6%. Respecto al sexo y el lugar de procedencia de los alumnos el número de ingresantes no presenta diferencias para estas variables.

La carrera de Agronomía se caracteriza por inscribir alumnos jóvenes, menores

de 22 años preferentemente varones y de procedencia de otras localidades. La carrera de LAA no muestra grandes diferencias al momento de su caracterización por la edad de los inscriptos, aunque el porcentaje de alumnos mayores de 22 años es superior. Es una carrera elegida preferentemente por varones que proceden de otras localidades. Las carrera de PB y LTA es elegida preferentemente por mujeres mayores de 22 años y con lugar de residencia en Azul .

Es de hacer notar que el 9,6 % de los alumnos menores de 22 años no trabaja, y que para el caso de los alumnos mayores de esta edad el porcentaje de trabajadores se eleva al 51,3 %. Además el porcentaje de padres de alumnos de Azul que no trabajan es significativamente superior al correspondiente a los padres de alumnos de otras localidades y que no trabajan.

Hablar de "rendimiento" tiene muchas implicancias, máxime si toman a las notas obtenidas por los alumnos como el referente casi exclusivo. La información así obtenida puede dar lugar, incluso, a una lectura ingenua, que centre sólo la responsabilidad académica de forma excluyente en el alumno. Esto no es así, la responsabilidad institucional es decisiva para evaluar lo que se entiende por *rendimiento*. En este trabajo solo se ha pretendido descubrir algunas variables que pueden incidir en algunos aspectos del rendimiento del alumno, sin por ello desconocer aspectos decisivos como el desempeño pedagógico de los docentes y las condiciones en que tiene lugar la práctica educativa. Resumiendo podemos decir que respecto a las variables estudiadas:

1. Las mayores dificultades en el examen diagnóstico se constató con los estudiantes que son varones, que trabajan y proviene de familias cuyas madres tienen niveles educacionales bajos.

2. Las variables: trabajo del alumno, sexo y educación de la madre pueden ser utilizados como predictores del éxito en la prueba diagnóstica

Según la UNESCO (1998): "La Educación superior deberá ser accesible a todos en función del mérito. No puede aceptarse ninguna discriminación, ni nadie debería quedar excluido de la educación superior ni de sus ámbitos de estudio, niveles de titulación y diferentes tipos de establecimientos por razones fundadas en su raza, sexo, lengua, religión, ni tampoco por diferencias económicas o sociales ni discapacidades físicas". Si bien es cierto que no puede haber discriminación en los estudios, en algunos casos los postulantes a ingresar no cumplen con el "merito" mínimo exigido por la prueba, eso involucraría que se les está

o

identificando ya con algunas debilidades y sería deseable implementar medidas que de algún modo sean paliativas de esta situación.

BIBLIOGRAFÍA

BACALLAO J, ANEIROS R, RODRÍGUEZ E, ROMILLO M. (1992). Pronóstico y evaluación del rendimiento académico de un ensayo pedagógico controlado. Rev Educ Méd Sup 1992;6:91-9.

BACALLAO J, ANTÓN M, RODRÍGUEZ E. (1991). La validación del pronóstico del rendimiento en un centro de enseñanza médica superior. Rev Educ Med Sup 1991;5:75-82.

BACALLAO J. (1991). Un enfoque bayesiana no paramétricos del pronóstico del rendimiento académico. Rev Educ Méd Sup 1991;5:29-37.

BACALLAO J. (1996). Las curvas ROC (relative operating charactetistic) y las medidas de detectibilidad para la validación de predictores del rendimiento docente. Rev Educ Méd Sup 1996;10:3-11.

BACALLAO J.(1996). Al rescate de las pruebas de nivel de entrada como predictores del rendimiento en la enseñanza médica superior. Rev Educ Méd Sup 1996;10:12-8.

BLOOM, B. (1964). Stability and change in human characteristics. New York: John Wiley and Sons.

BLOOM, B. (1977). Características humanas y aprendizaje escolar. Colombia: Voluntad Ediciones.

CARRASCO, W.(1993). Autoestima en educadores: Un diaporama motivacional . Tesis para optar al Grado de Magister en Diseño de Instrucción en la Pontificia Universidad Católica de Chile.

CARRIÓN PÉREZ, E. (2002). Validación de características al ingreso como predictores del rendimiento académico en la carrera de medicina. Rev Cubana Educ Med Super 2002;16(1):5-18.

CUBERO, M. (1,988). Validez Predictiva de los Puntajes de Admisión y Confiabilidad de la Prueba de Aptitud Académica. Instituto de Investigaciones Psicológicas. Facultad de Ciencias Sociales – Universidad de Costa Rica. San José.

o

DAVIDSON RC, LEWIS E.L. (1998) Affirmative action and other special consideration admissions at the University of California. Davis School of Medicina. JAMA 1998;278:1153-8.

ELAM C. l, JOHSON M.M. (1997). The effect of a rolling admission policy on a Medical school's selection of applicants. Acad Med 1997;72:644-6.

ESCUDERO, E (1981). Selectividad y Rendimiento Académico de los universitarios: Condicionantes Psicológicos y Educacionales. Universidad de Zaragoza. Aragón.

ESPINO M.(1,987).Estudio Psicométrico de las relaciones entre habilidades Intelectuales y Rendimiento Académico. Univ. de la Laguna-Fac. de Filosofía y Ciencias de la Educación. Canarias

GONZÁLEZ M/.C, ALFONSO Z.C, FERNÁNDEZ E, PAYNE S, CABRERA P. (1988) . Comparación de los resultados de la prueba de salida y el rendimiento académico de Embriología I en el curso académico 1985-1986. Rev Educ Med Sup 1988;2:87-94.

MITCHELL K, HAYNER R, KOEING J. (1994). Assessing the validity of the updated Medical College Admission Test . Acad Med 1994;69:394-401.

MOUCHARD, T. (1985). Estudio Comparativo entre el Examen de Admisión a la Universidad de Lima y una prueba de Aptitud Académica así como la relación que existe entre ellos y el Rendimiento Académico.

PIZARRO, R., CLARK, L.S. Y ALLEN, M.E. (1987). El ambiente educativo del hogar. Diálogos Educacionales, 9-10, 66-83.

REPARAZ, A. (1,986). La predicción del rendimiento académico en el Curso de Orientación Universitaria. Universidad de Navarra. Facultad de Filosofía y Letras. Navarra.

SHUANIOR C. (1978). El ingreso a la Educación Superior en la URSS. Organización en los exámenes de ingreso. Rev Pedagógica 1978;1:24-28.

SILVA LC, ALCARRÍA A. (1993) Predicción del rendimiento académico a partir del perfil de entrada en los estudiantes de enfermería de La Habana. Rev Educ Méd Sup 1993;7:97-106.

o

EVALUACIÓN ALTERNATIVA
EL USO DE PORTAFOLIOS EN MATEMÁTICA EN LA UNIVERSIDAD

Sastre Vázquez, P y Boubée. C.

RESUMEN: Lo más importante que se puede proveer a los alumnos son procesos adecuados de pensamiento, los cuales no envejecen con el tiempo, tal como sucede con los contenidos, sobre todo en la era actual. Así el principal objetivo de la enseñanza es la transmisión de los procesos de pensamiento propios de la matemática más bien que la mera transferencia de contenidos. En este trabajo se asume un carácter formativo y criterial como eje y principio de la evaluación en el aula. El sentido pedagógico de la evaluación se expresa a través de la intencionalidad formativa y comprensiva de los procesos de enseñanza y aprendizaje por parte de profesores y estudiantes. Se intenta comprender mejor la estrecha relación que existe entre los modelos pedagógicos y curriculares con los procesos de enseñanza y aprendizaje, y su implicación en las prácticas evaluativas. El uso del portafolio en el aula es una nueva estrategia alternativa para la evaluación, cuya meta es describir el punto de desarrollo en que se encuentra un alumno, sus objetivos de aprendizaje, las estrategias que utiliza para alcanzarlos y una reflexión sobre lo aprendido. Esta estrategia integra prácticas convencionales y promueve el desarrollo de prácticas innovadoras en las aulas. La experiencia presentada aquí posee algunos otros objetivos que no son evaluados en este trabajo, tarea que se realizará posteriormente. Si bien los portafolios ofrecen un medio para promover la enseñanza y documentar los logros de instrucción obtenidos, por cuestiones de espacio, en este trabajo sólo se realiza una evaluación de las notas obtenidas en el examen integrador. Es decir, se confrontan los dos métodos de evaluación, portafolio y tradicional, sin tener en cuenta los procesos, dejándose para trabajos posteriores la evaluación de los restantes módulos que componen el portafolios aquí presentado. Por lo tanto, el objetivo de este trabajo en particular, el cual corresponde a un proyecto mas amplio, fue verificar si existían diferencias entre los resultados finales de los aprendizajes, (evaluados mediante las medias de notas obtenidas en los exámenes integradores), de dos grupos de alumnos para los cuales se aplicaron diferentes sistemas de evaluación: 1) tradicional y 2) portafolios. Además se pretendió establecer si los porcentajes de abandono y desaprobación de la cursada difieren en ambos grupos. Los resultados muestran que los alumnos que cursaron la asignatura bajo la modalidad del portafolios obtuvieron en sus exámenes integradores finales y en su promedio, notas más altas que aquellos que no lo hicieron. Asimismo el porcentaje de abandono y desaprobación, para este grupo resultó significativamente inferior. El uso del portafolio permitió a los alumnos reflexionar sobre su propios procesos de pensamiento a fin de mejorarlos conscientemente, facilitando que adquieran confianza en sí mismos. Facilitó el desarrollo de la intuición mediante la manipulación operativa. Permitió a los alumnos comprender lo que hacían, sin que este esfuerzo por entender lo que hacían hiciera que pasara

o

a segundo plano los contenidos intuitivos mentales en su acercamiento a los objetos matemáticos

INTRODUCCION

Numerosos autores han señalado el papel fundamental que desempeña la evaluación de los aprendizajes de los estudiantes como mecanismo central en la buena marcha del proceso de enseñanza-aprendizaje (Black y William, 1998; Broadfoot, 1996; Gifford y O'Connor, 1992; Sadler, 1998).

El modo en que se evalúa incide, de un modo decisivo, en el proceso de enseñanza-aprendizaje, así como también en las percepciones que los alumnos desarrollan acerca de si mismos y acerca de su potencial de aprendizaje. Las actitudes hacia la escuela y el aprendizaje, también se ven afectadas por la forma en que se realiza la evaluación.

La evaluación que tuvo una carga calificadora, sancionadora y controladora, hoy comienza a ser atendida por los docentes como un instrumento de apoyo a sus decisiones sobre el proceso de enseñanza y una herramienta de indagación, comprensión y mejora acerca de qué se enseña y cómo se enseña.

Barberà Gregori, E, 1999 afirma que dependiendo de cual sea la evaluación que se plantee a los estudiantes en el ámbito universitario se conseguirán unos resultados pedagógicos y no otros. Esta autora se refiere no solo a los resultados de rendimiento final, que acostumbran a manifestarse en una calificación numérica, sino que hace hincapié en la calidad del aprendizaje que los estudiantes obtienen. Una evaluación no sólo formativa sino también formadora, (Allal, 1991; Allal y Pelgrims, 2000) proporciona a los estudiantes la capacidad de regulación básica para adaptar y modificar todo aquello que tiene que ver con su propio aprendizaje.

Por otro lado, actualmente es reconocida la necesidad de que los estudiantes participen en la regulación de su propio proceso de aprendizaje dándoles oportunidad de reconocer y valorar sus avances, de rectificar sus ideas iniciales, de aceptar el error como inevitable en el proceso de construcción de conocimientos, (Linn, 1987; Baird, 1986; Jorba y Sanmartí, 1993 y 1995; Alonso, 1994).

Los nuevos desarrollos en evaluación han traído a la educación lo que se conoce como *evaluación alternativa* y la cual se refiere a los nuevos procedimientos y técnicas que pueden ser usados dentro del contexto de la enseñanza e incorporados a las actividades diarias el aula (Hamayan, 1995).

A diferencia de la evaluación tradicional, la evaluación alternativa permite:

1) Enfocarse en documentar el crecimiento del individuo en cierto tiempo, en lugar de comparar a los estudiantes entre sí.
2) Enfatizar la fuerza de los estudiantes en lugar de las debilidades.
3) Considerar los estilos de aprendizaje, las capacidades lingüísticas, las experiencias culturales y educativas y los niveles de estudio.

o

El reto esta, entonces, en desarrollar estrategias de evaluación que respondan, en concreto, a una integración e interpretación del conocimiento y a una transferencia de dicho conocimiento a otros contextos. Pero, ¿cuáles habrían de ser las características de la evaluación para que se convierta en un instrumento de aprendizaje?

La evaluación será un instrumento de aprendizaje, en tanto y en cuanto sea una evaluación formativa. Para que la evaluación sirva de orientación y motivación para el trabajo de los estudiantes es necesario que sea percibida por estos como una ayuda real, generadora de expectativas positivas. Además, para que la evaluación logre su función de instrumento de aprendizaje en todos los aspectos, (conceptuales, procedimentales y actitudinales) , debe alejarse de su habitual reducción a aquello que permite una medida más fácil y rápida: la rememoración repetitiva de los "conocimientos teóricos" y su aplicación igualmente repetitiva con ejercicios de lápiz y papel.

Por otra parte, es preciso no olvidar, a la hora de fijar los criterios, que sólo aquello que es evaluado es percibido por los estudiantes como realmente importante. Es preciso, pues, evaluar todo lo que los estudiantes hacen: desde un póster confeccionado en equipo a los registros personales del trabajo realizado. Duschl (1995) ha resaltado, en particular, la importancia de estos registros o "portafolios", en los que cada estudiante ha de recoger y organizar el conocimiento construido y que puede convertirse, si el profesor se implica en su revisión y su mejora, en un producto fundamental, capaz de reforzar y sedimentar el aprendizaje, evitando adquisiciones dispersas.

Los portafolios son un reflejo especialmente genuino de un proceso de aprendizaje. Por eso, más que una nueva manera de evaluar puede considerarse como un modo de entender el proceso de enseñanza. Shulman (1999) se refiere al portafolios como un acto teórico, como una metáfora que cobra vida en la medida que la incluimos dentro de la orientación teórica — o ideológica— que nos resulta más valiosa para nuestra práctica educativa. El modelo del portafolio representa una evolución, no un fin en sí mismo.

La elección del portafolio como modelo de enseñanza - aprendizaje, se fundamenta en la creencia de que la evaluación, marca la forma en cómo el estudiante se plantea su aprendizaje. Por lo que se propone una evaluación continuada en portafolio, con la finalidad de estimular en los estudiantes de la asignatura, un aprendizaje reflexivo, crítico, continuado, personalizado e individualizado, que cubra, por una parte el aprendizaje mínimo acreditativo imprescindible, y además, le permita posteriormente adquirir otros nuevos en forma autónoma.

Es a partir de las evidencias que componen el portafolio cuando se identifican las cuestiones claves para ayudar a los alumnos a reflexionar sobre cuales son los propósitos, aquello que está bien planteado, dónde los esfuerzos han estado mal planteados o han sido inadecuados, y cuales resultan ser, por el contrario, las líneas más interesantes para desarrollos posteriores. Se intenta, en la medida de lo posible, conservar esa clase de reflexión natural y conversación informal que se producen en el transcurso de cualquier aprendizaje práctico, como señala Gardner (1994), o esa conversación reflexiva con los materiales de la situación, en palabras de Schön (1992).

Precisando esta herramienta, se define al portafolio como una recopilación de evidencias consideradas de interés para ser guardadas por los significados con ellas construidos. Shulman (en Lyons, 1990) da la siguiente definición:

o

"Un portafolio didáctico es la historia documental estructurada de un conjunto (cuidadosamente seleccionado) de desempeños que han recibido preparación o tutoría, y adoptan la forma de muestras del trabajo de un estudiante que sólo alcanzan realización plena en la escritura reflexiva, la deliberación y la conversación".

Utilizar el portafolios implica también, en coherencia, apostar por una evaluación formativa, en la que la propia autoevaluación adquiera mayor protagonismo.

El portafolios permite involucrar de manera muy clara a cada estudiante con el proceso de aprendizaje. Permite además reconocer habilidades que frecuentemente no se evalúan por los medios convencionales y que, sin embargo, son importantes (por ejemplo, la sola manera de presentarlo). Más aún, al incluir preguntas y opiniones de los alumnos se convierte en uno de los pocos instrumentos de evaluación en la nueva corriente educativa denominada ciencia-tecnología-sociedad (Garritz, 1994).

Hutchings (1991) señala que cuando los alumnos son agentes activos en la organización y análisis de la información, pueden aprender significativamente del propio método: como conjuntar las diferentes informaciones, establecer sus conexiones, la necesidad de su revisión así como de establecer objetivos para el futuro. En resumen, esta técnica de evaluación estimula la autorreflexión del alumno, facilita la autogestión y es motivante.

Las ventajas de este método de evaluación son múltiples. Entre ellas, Rodríguez Espinar, (1998) destaca las siguientes:

1) Muestra hasta dónde ha llegado el estudiante y el camino que ha recorrido para llegar allí.
2) Enfatiza el juicio personal y el significado de las acciones.
3) Facilita la interacción sujeto-información.
4) Elimina el riesgo de valoraciones basadas en datos simples.
5) Tiene a la vez que una función evaluativa, un gran valor educativo en sí misma.
6) Ayuda a asumir responsabilidades.
7) Ayuda a relacionar las experiencias educativas con las competencias profesionales.
8) Permite que el alumno tenga una prueba patente de sus logros.
9) Sirve para que pueda rendir cuentas ante la organización.

OBJETIVOS E HIPÓTESIS DE LA INVESTIGACIÓN

Este trabajo describe una experiencia desarrollada en la Facultad de Agronomía de la Universidad Nacional del Centro de la Provincia de Buenos Aires, Azul, Argentina, con alumnos ingresantes a las diferentes carreras que se dictan en esta Facultad y para la asignatura "Introducción a la Matemática".

Las hipótesis de trabajo son las siguientes:

o

1) El uso del portafolios estimula la experimentación, la reflexión y la investigación.
2) El uso del portafolios ayuda a los alumnos a reflexionar sobre cuales son los propósitos, aquello que está bien planteado, dónde los esfuerzos han estado mal planteados o han sido inadecuados, y cuales resultan ser, por el contrario, las líneas más interesantes para desarrollos posteriores.
3) El uso del portafolios favorece en los estudiantes la toma de conciencia de su compromiso como persona, en la autodirección y regulación de sus aprendizajes.
4) Los alumnos que utilizaron el portafolios obtendrán notas superiores en los exámenes integradores y en los promedios.
5) Los porcentajes de desaprobación y abandono en el grupo que utilizó el portafolio difieren del correspondiente al grupo que no hizo uso de éste.

Por cuestiones de espacio, en particular este trabajo se sustenta en las hipótesis 4) y 5). El objetivo es verificar si existen diferencias entre los resultados finales de los aprendizajes, (evaluados mediante las medias de notas obtenidas en los exámenes integradores), de dos grupos de alumnos para los cuales se aplicaron diferentes sistemas de evaluación: 1) tradicional y 2) portafolios. Además se pretende establecer si los porcentajes de abandono y desaprobación de la cursada difieren en ambos grupos.

MARCO METODOLÓGICO

Para esta experiencia se trabajó con 152 alumnos del total de inscriptos en las carreras de Ingeniería Agronómica, Profesorado en Ciencias Biológicas y Licenciatura en Administración Agraria. En el primer día de clase se procedió a tomar una prueba diagnóstica a los ingresantes. En base a los resultados de esta prueba, los alumnos fueron divididos en dos comisiones: I y II, de forma tal que los promedios de ambas comisiones fueran similares. Dentro de cada comisión, y de forma aleatoria, se conformaron dos grupos: A y B, de 38 alumnos cada una.

La metodología de dictado de la asignatura fue común a todos los grupos y comisiones. Se impartía una breve exposición teórica y a continuación se debían resolver trabajos prácticos sobre los contenidos del curso. Las comisiones desarrollaban ejercitaciones prácticas en aulas diferentes y estaban a cargo de profesores distintos. Las clases de introducción teórica fueron impartidas en ambas comisiones por el mismo docente.

Los alumnos de los grupos A de cada comisión fueron evaluados bajo la forma tradicional, consistente en dos pruebas parciales durante el transcurso del curso de nivelación. Estas pruebas parciales debían aprobarse con un puntaje de 6 (seis) puntos sobre un total de 10 (diez) puntos. Los alumnos que no lograban aprobar estas pruebas parciales podían recuperar al finalizar el dictado del curso y para ello se les otorgaba un recuperatorio por cada una de las evaluaciones, que debían ser aprobados con el mismo puntaje. Los alumnos que aprobaban los

o

parciales o sus respectivos recuperatorios se consideraban alumnos regulares, y podían someterse al examen integrador.

Los alumnos de los grupos B de cada comisión fueron evaluados con la metodología del portafolio. El portafolio contenía: planificación de horas dedicadas al estudio en el aula y fuera del aula para todas las materias del ciclo introductor, importancia y dificultad encontrada en cada trabajo práctico, discriminación de tiempo dedicado al estudio en forma individual, en forma grupal, con profesor particular, con ayuda de bibliografía, registro de actividades realizadas por trabajo práctico respecto a número de ejercicios resueltos en clase , fuera de clase solo y en grupo, dificultad encontrada (baja, media y alta) y consulta de textos y uso de biblioteca, trabajos prácticos resueltos, exámenes parciales semanales que debían aprobarse con un mínimo de 6 (seis) puntos sobre 10 (diez) y evaluación final del curso en términos generales, trabajos prácticos y contenidos y de los docentes a cargo respecto a nivel de conocimiento, modo de enseñanza, puntualidad y asistencia, relación con los alumnos y predisposición del docente. Para cada examen semanal se ofrecían tres fechas pudiendo el alumno utilizarlas en su totalidad hasta la aprobación del examen parcial o elegirlas de acuerdo a sus condicionantes. Los alumnos que tenían aprobado como mínimo 4 (cuatro) exámenes parciales sobre un total de 6 (seis) y cumplían con las restantes exigencias del portafolio se consideraban alumnos regulares, y por lo tanto tenían derecho a someterse al examen integrador.

El Portafolio que se utilizó está constituido por cuatro módulos con distintos objetivos y que evalúan diferentes aspectos. En cada módulo se requiere elaborar productos que han sido diseñados para recolectar evidencias del trabajo de los estudiantes en Matemática y de actividades que realizan fuera del aula. Los módulos del Portafolios son los siguientes:

Módulo 1: Planificación. Este módulo recolecta evidencias respecto a la capacidad de los estudiantes para planificar el estudio de los contenidos matemáticos que trabajarán desde febrero hasta abril de 2003. Por lo tanto, evalúa la capacidad de generar secuencias de estudio coherentes, asignarles tiempo, definir metas de aprendizaje, etc.

Módulo 2: Prácticas de aula. Este módulo solicita a los estudiantes que reúnan evidencias respecto de sus prácticas en el aula durante el curso. El módulo concentra la mirada en las actividades de clase, por lo tanto, solicita predominantemente evidencia del trabajo en el aula. Las evidencias de este módulo incluyen: actividades escritas en cuadernos, uso de textos, actividades donde se utilice material didáctico, etc.

Módulo 3: Actividades fuera del aula. Este módulo recoge evidencia acerca de las actividades individuales o grupales de los alumnos fuera del aula. En él se consideran las tareas con otros alumnos, profesores particulares o en biblioteca.

Módulo 4: Evaluación final. Aquellos alumnos que han cumplimentado con los requisitos necesarios para cursar la asignatura, se someten a un examen integrador. Además, este módulo solicita al alumno que realice una reflexión acerca de cómo contribuyeron las actividades desarrolladas a su aprendizaje. Permite que el alumno evalúe el sistema utilizado y sus contenidos como así también a los docentes que lo implementaron. El módulo finaliza con un análisis realizado por el alumno sobre la efectividad de la planificación que realizó para ordenar sus tareas de estudio; también tendrá la posibilidad de realizar una evaluación de los

o

profesores en diferentes aspectos. Esta evaluación se realiza en forma anónima con el objetivo de que los alumnos puedan expresar libremente su opinión.

Si bien los portafolios ofrecen un medio para promover la enseñanza y documentar los logros de instrucción obtenidos, en este trabajo sólo se realiza una evaluación de las notas obtenidas en el examen integrador y de los promedios. Es decir se confrontan los dos métodos de evaluación, portafolio y tradicional (parte del módulo 4), sin tener en cuenta los procesos, dejándose para trabajos posteriores la evaluación de los restantes módulos que componen el portafolios.

Para establecer si existía un efecto del sistema de evaluación utilizado (tradicional o portafolio) sobre las notas obtenidas en los exámenes integradores o sobre el promedio, se realizaron análisis de la varianza, considerando el modelo que explica la nota obtenida por el alumno en el examen integrador, como así también el promedio, por medio de dos factores: la comisión y el grupo al cual pertenece el alumno. (Modelo 1). De los resultados del análisis de la varianza para el Modelo 1, para ambas variables consideradas, surge que no se detecta un efecto debido a la comisión, sin embargo el efecto del grupo resulta ser significativo. Como no existen diferencias significativas para el efecto comisión en el Modelo 1, se realizan nuevos análisis de varianza, para ambas variables sobre el Modelo 2, que solo considera el factor Grupo. De los resultados obtenidos en los análisis de la varianza para el Modelo 2, surge que existe un efecto significativo, sobre las variables Nota Examen (Pr =0.039) y Promedio (Pr= 0.028), debido al factor grupo en cual cursaron la asignatura los alumnos.Para comparar las medias de las notas y de los promedios de ambos grupos de alumnos se utilizó el Test de Duncan, cuyos resultados se muestran en el cuadro 3. De éste surge que tanto en la nota del examen integrador, como en el promedio final obtenido por los alumnos, el grupo B, correspondiente a los alumnos que cursaron utilizando el portafolios, tuvo mejor rendimiento que los alumnos que lo hicieron en la forma tradicional.

Cuadro 3: Test de Duncan

Variable	Grupo	media	n
Nota del examen	B	7.560 (a)	50
	A	6.949 (b)	39
Promedio	B	7.680 (a)	50
	A	7.000 (b)	39

Para comparar el porcentaje de alumnos que abandonaron los estudios en ambos grupos, se utilizó la prueba Chi-cuadrado, la cual condujo al rechazo de la hipótesis nula; es decir se encontró que el porcentaje de abandono y desaprobación, para el grupo que utilizó el portafolios, resultó significativamente inferior al correspondiente al que no hizo uso del mismo.

CONCLUSIONES

Los resultados de este trabajo muestran que los alumnos que cursaron la asignatura bajo la modalidad del portafolios obtuvieron en sus exámenes integradores finales y en su

o

promedio, notas más altas que aquellos que no lo hicieron. Asimismo el porcentaje de abandono y desaprobación, para este grupo resultó significativamente inferior. El uso del portafolio permitió a los alumnos reflexionar sobre su propios procesos de pensamiento a fin de mejorarlos conscientemente, facilitando que adquieran confianza en sí mismos. Facilitó el desarrollo de la intuición mediante la manipulación operativa. Permitió a los alumnos comprender lo que hacían, sin que este esfuerzo por entender lo que hacían hiciera que pasara a segundo plano los contenidos intuitivos mentales en su acercamiento a los objetos matemáticos.

Así, los resultados de este trabajo permiten conjeturar que la toma de conciencia por parte de los alumnos, de sus propias potencialidades y dificultades, adquirida mediante el uso del portafolio, ejerció un rol muy importante en el desarrollo posterior que alcanzaron en la adquisición de destrezas y habilidades, reflejado en las mejores notas obtenidas. Parecería que los alumnos que utilizaron el portafolios lograron involucrarse de un modo más hondamente personal y humano, lo cual se evidencia en el menor número de alumnos que abandonaron o desaprobaron. La exploración de las aptitudes y defectos propios más característicos permitió que cada alumno obtuviera una especie de "autorretrato", el cual los hizo conscientes de sus fortalezas y debilidades. Este autoconocimiento hizo que se posicionaran ante el estudio de una forma más eficaz. En este trabajo se presentan los resultados parciales correspondientes al análisis de sólo parte de uno de los módulos descriptos. La tarea deberá continuar, no solamente con el análisis de los restantes módulos, sino también con un seguimiento del rendimiento académico de los alumnos que utilizaron el portafolios.

REFERENCIAS

Allal, L. (1992). Vers une pratique de l'évaluation formative. Brussels: De Boek.

Allal, L., & Pelgrims Ducrey, G. (2000). Assessment of –or in- the zone of proximal development. Learning and Instruction, 10, 137-152.

Baird, J.R. (1986). Improving learning trough enhanced metacognition: A classroom study. *European Journal of Science education*, 8 (3), 263-282.

Barberà Gregori, E. (1999) Estado y tendencias de la evaluación en educación Superior. Estudios de Psicología y Ciencias de la Educación Universitat Oberta de Catalunya / IN3 Barcelona. España. Revista de la Red Estatal de Docencia Universitaria. Vol 3. N.º2

Black, P., & Williams, D. (1998). Assessment and Classroom Learning. Assessment in Education, 5 (1), 7 - 74.

Broadfoot, P.M. (1996). Education, Assessment and Society. A Sociological Analysis. Buckingham: Open University Press.

Gardner, H. (1994). Educación artística y desarrollo humano. Barcelona: Paidós.

o

Gifford, B., & O´Connor, M. (Eds.) (1992). Future Assessments. Changing Views of Aptitude, Achievement and Instruction. Boston, MA: Kluwer.

Jorba, J. y Sanmartí N, (1993), La función pedagógica de la evaluación, *Aula de Innovación Educativa*, 20, 20-23.

Jorba, J. y Sanmartí, N. (1995), Autorregulación de los procesos de aprendizaje y construcción de conocimientos, *Alambique*, 4, 59-77

Linn, M.C. (1987). Establishing a research base for science education: chalenges, trends and recommendations. *Journal of Research in Science Teaching*, 24 (3), 191-216.

Lyons, N. (Comp.) (1999). El uso de portafolios. Propuestas para un nuevo profesionalismo docente.Buenos Aires

Sadler, D. R. (1998). Formative assessment: revising the territory. Assessment in Education, 5 (1), 77-84.

Schön, D. (1992). La formación de profesionales reflexivos. Hacia un nuevo diseño de la enseñanza y el aprendizaje en las profesiones. Madrid: Paidós–MEC.

Shulman, L. (1999). Portafolios del docente: una actividad teórica. En N. Lyons, N. (Comp.) (1999). El uso del portafolios. Propuestas para un nuevo profesionalismo docente. Buenos Aires: Amorrortu, 45

o

EFECTO DEL PORTAFOLIO SOBRE EL RENDIMIENTO ACADÉMICO DE LOS ESTUDIANTES DEL CURSO DE NIVELACIÓN DE MATEMÁTICA

Sastre Vázquez, P.; Cañibano, A..; Boubée, C.; Suhurt, V. Y Scempio, V.

INTRODUCCIÓN

La evaluación consiste en observar lo que ocurre en el aula, con el objeto de obtener información que sea útil para ajustar las actividades de enseñanza a las necesidades particulares de aprendizaje de los estudiantes y para poder hacer un seguimiento del avance del grupo a lo largo del año escolar. Así por medio de la evaluación es posible obtener resultados, analizar situaciones y posteriormente tomar decisiones sobre el proceso y los resultados alcanzados. Debe existir en esta práctica una retroalimentación constante que permita mejorar el proceso educativo y es por eso que la evaluación debe intervenir en todas las fases del proceso educativo y no únicamente al final de ésta. Una buena forma de aprender es conocer lo que está hecho, asumir los aciertos y anotar los errores para evitarlos en el futuro. Así, la evaluación es una parte esencial de las labores del profesor; no puede haber una buena enseñanza sin una buena evaluación.

Los métodos de evaluación son muy diversos, pudiendo citarse, entre otros, exámenes de preguntas, pruebas referidas al criterio, pruebas normativas, exámenes orales, evaluación de las ejecuciones, trabajos y demostraciones, escalas de evaluación, composiciones escritas, valoración de los trabajos hechos en casa, autoevaluaciones, cuestionarios, datos observacionales, entrevistas, etc. Los proyectos, guiados o autorregulados, los portafolios, sea de exhibición, acumulativos o evaluativos (Moeller, p 103 a 114 en Crouse, 1995) son también medios adecuados para la evaluación.

Feuer y Fulton (1993) identifican siete tipos de *alternative assessment:* preguntas abiertas, ensayos, escritos, portafolios, exposiciones orales, demostraciones y experimentos. Por su parte, Khattri y Sweet (1996) consideran cinco categorías de *perfomance assessment:* Ejercicios *(on-demand tasks),* portafolios, proyectos, demostraciones y observaciones del profesor, para alumnos pequeños y con finalidad diagnóstica. Así el portafolios se ubica como una de las formas de diagnóstico-evaluación que integran el modelo de *perfomance asses-*

o

sment (diagnóstico de ejecuciones) en el marco de una *outcome-based evaluation* (evaluación de logros).

En este trabajo se estudia el efecto de la utilización de un portafolio, sobre el rendimiento académico de los estudiantes del curso de nivelación de matemática, evaluado mediante las notas obtenidas por los alumnos en los exámenes integradores. También se comparan los porcentajes de alumnos que lograron cursar la asignatura en cada grupo.

MARCO TEÓRICO.

EL PORTAFOLIO COMO ESTRATEGIA DE EVALUACIÓN

El uso del portafolio en el aula es una nueva estrategia alternativa para la evaluación, cuya meta es describir el punto de desarrollo en que se encuentra un alumno, sus objetivos de aprendizaje, las estrategias que utilizan para alcanzarlos y una reflexión sobre lo aprendido. Esta estrategia integra prácticas convencionales y promueve el desarrollo de prácticas innovadoras en las aulas. El uso de portafolios no es una invención reciente, sin embargo en la educación irrumpieron como un fenómeno de sorprendente versatilidad y eficacia.

El portafolios permite involucrar de manera muy clara a cada estudiante con el proceso de aprendizaje. Permite además reconocer habilidades que frecuentemente no se evalúan por los medios convencionales y que, sin embargo, son importantes (por ejemplo, la sola manera de presentarlo). Más aún, al incluir preguntas y opiniones de los alumnos se convierte en uno de los pocos instrumentos de evaluación en la nueva corriente educativa denominada ciencia-tecnología-sociedad (Garritz, 1994).

Un portafolios está integrado por una serie de documentos que prueban que el alumno ha realizado un trabajo (Hart, 1994). Es también una evidencia acumulativa de sus progresos. Puede, por ejemplo, contener uno o varios de los siguientes documentos:

1) Un proyecto de investigación, bibliográfico o experimental
2) Colecciones de problemas resueltos
3) Bitácora de laboratorio
4) Apuntes de clase
5) Exámenes resueltos
6) Registros de aprendizaje y/o asociaciones de palabras
7) Noticias científicas aparecidas en los periódicos, relevantes al tema de la clase, con sus comentarios respectivos
8) Preguntas hechas por los alumnos
9) Ideas u opiniones que son apoyadas o rechazadas

Hutchings (1991) señala que cuando los alumnos son agentes activos en la organización y análisis de la información, pueden aprender significativamente del propio método: como conjuntar las diferentes informaciones, establecer sus conexiones, la necesidad

o

de su revisión así como de establecer objetivos para el futuro. En resumen, esta técnica de evaluación estimula la autorreflexión del alumno, facilita la autogestión y es motivante.

Las ventajas de este método de evaluación son múltiples. Entre ellas, Rodríguez Espinar, (1998) destaca las siguientes:

1. Muestra hasta dónde ha llegado el estudiante y el camino que ha recorrido para llegar allí.
2. Enfatiza el juicio personal y el significado de las acciones.
3. Facilita la interacción sujeto-información.
4. Elimina el riesgo de valoraciones basadas en datos simples.
5. Tiene a la vez que una función evaluativa, un gran valor educativo en sí misma.
6. Ayuda a asumir responsabilidades.
7. Ayuda a relacionar las experiencias educativas con las competencias profesionales.
8. Permite que el alumno tenga una prueba patente de sus logros.
9. Sirve para que pueda rendir cuentas ante la organización.

OBJETIVOS E HIPÓTESIS DE LA INVESTIGACIÓN.

En este trabajo se asume un carácter formativo y criterial como eje y principio de la evaluación en el aula. El sentido pedagógico de la evaluación se expresa a través de la intencionalidad formativa y comprensiva de los procesos de enseñanza y aprendizaje por parte de profesores y estudiantes. Se intenta comprender mejor la estrecha relación que existe entre los modelos pedagógicos y curriculares con los procesos de enseñanza y aprendizaje, y su implicación en las prácticas evaluativas. Este trabajo describe una experiencia desarrollada en la Facultad de Agronomía de la Universidad Nacional del Centro de la Provincia de Buenos Aires, Azul, Argentina, con alumnos ingresantes a las diferentes carreras que se dictan en esta Facultad y para la asignatura “Introducción a la Matemática”.

Las hipótesis de trabajo son las siguientes:

6) El uso del portafolios estimula la experimentación, la reflexión y la investigación.

7) El uso del portafolios ayuda a los alumnos a reflexionar sobre cuales son los propósitos, aquello que está bien planteado, dónde los esfuerzos han estado mal planteados o han sido inadecuados, y cuales resultan ser, por el contrario, las líneas más interesantes para desarrollos posteriores.

8) El uso del portafolios favorece en los estudiantes la toma de conciencia de su compromiso como persona, en la autodirección y regulación de sus aprendizajes.

9) Los alumnos que utilizaron el portafolios obtendrá notas superiores en los exámenes integradores.

10) Abandono

El objetivo de la experiencia es verificar si existe algún efecto en los resultados finales de los aprendizajes, (evaluados mediante las notas obtenidas en los exámenes

o

integradores), de dos grupos de alumnos para los cuales se aplicaron diferentes sistemas de evaluación: 1) tradicional y 2) portafolios.

MARCO METODOLÓGICO

Para esta experiencia se trabajó con 167 alumnos inscriptos en las carreras de Ingeniería Agronómica, Profesorado en Ciencias Biológicas y Licenciatura en Administración Agraria. En el primer día de clase se procedió a tomar una prueba diagnóstica a los ingresantes. En base a los resultados de esta prueba, los alumnos fueron divididos en dos comisiones: I y II, de forma tal que los promedios de ambas comisiones fueran similares. Dentro de cada comisión, y de forma aleatoria, se conformaron dos grupos: A y B. El cuadro I muestra la cantidad de alumnos por grupo y comisión:

Cuadro I: Cantidad de alumnos por grupo y comisión

	Comisión		
Grupo	I	II	TOTAL
A	44	42	86
B	40	41	81
TOTAL	84	83	167

La metodología de dictado de la asignatura fue común a todos los grupos y comisiones. Se impartía una breve exposición teórica y a continuación se debían resolver trabajos prácticos sobre los contenidos del curso. Las comisiones desarrollaban ejercitaciones prácticas en aulas diferentes y estaba a cargo de profesores distintos para cada comisión. Las clases de introducción teórica fueron impartidas en ambas comisiones por el mismo docente.

Los alumnos de los grupos A de cada comisión fueron evaluados bajo la forma tradicional, consistente en dos pruebas parciales durante el transcurso del curso de nivelación. Estas pruebas parciales debían aprobarse con un puntaje de 6 (seis) puntos sobre un total de 10 (diez) puntos. Los alumnos que no lograban aprobar estas pruebas parciales podían recuperar al finalizar el dictado del curso y para ello se les otorgaba un recuperatorio por cada una de evaluaciones que debían ser aprobadas con el mismo puntaje. Los alumnos que aprobaban los parciales o sus respectivos recuperatorios se consideraban alumnos regulares, y podían someterse al examen integrador.

Los alumnos de los grupos B de cada comisión fueron evaluados con la metodología del portafolio. El portafolio contenía: trabajos prácticos resueltos, exámenes parciales semanales que debían aprobarse con un mínimo de 6 (seis) puntos sobre 10 (diez) y encuestas incluidas en el anexo. Para cada examen semanal se ofrecían tres fechas pudiendo el alumno utilizarlas en su totalidad hasta la aprobación del examen parcial o elegirlas de acuerdo a sus condicionantes. Los alumnos que tenían aprobado como mínimo 4 (cuatro) exámenes parciales sobre un total de 6 (seis) y cumplían con las restantes exigencias del portafolio se consideraban alumnos regulares, y por lo tanto tenían derecho a someterse al examen integrador.

ESTRUCTURA DEL PORTAFOLIO

En este trabajo se entiende el término portafolio como un archivo donde se colocan, de manera ordenada, con arreglo a una guía preconcebida, documentos relativos a un grupo de actividades del alumno que sirven para testimoniar una parte de su desempeño estudiantil. El portafolio reunirá información referida a:

1. Las metas
2. El resumen de las responsabilidades que se ha adoptado como una expresión de esas metas
3. Las estrategias y los ambientes instrucción que se emplearon para arribar a esas metas
4. Evidencias de retroalimentación entre los estudiantes
5. Evidencias de retroalimentación entre los estudiantes y los docentes
6. Autorreflexiones
7. Documentación de mejora hacia lo que se declaró como metas
8. Muestras de trabajo o productos derivados del aprendizaje
9. Hábitos de estudio
10. Metas personales o objetivos para el futuro

El Portafolio, que aquí se presenta, está constituido por cuatro módulos con distintos objetivos y que evalúan diferentes aspectos. En cada módulo se requiere elaborar productos que han sido diseñados para recolectar evidencias del trabajo de los estudiantes en Matemática y de actividades que realizan fuera del aula. Los módulos son:

Módulo 1: Planificación. Este módulo recolecta evidencias respecto a la capacidad de los estudiantes para planificar el estudio de los contenidos matemáticos que trabajarán desde febrero hasta abril de 2003. Por lo tanto, evalúa la capacidad de generar secuencias de estudio coherentes, asignarles tiempo, definir metas de aprendizaje
Módulo 2: Prácticas de aula. Este módulo solicita a los estudiantes que reúnan evidencias respecto de sus prácticas en el aula durante el curso. El módulo concentra la mirada en las actividades de clase, por lo tanto, solicita predominantemente evidencia del trabajo en el aula. Las evidencias de este módulo incluyen: actividades escritas en cuadernos, uso de textos, actividades donde se utilice material didáctico, etc.
Módulo 3: Actividades fuera del aula. Este módulo recoge evidencia acerca de las actividades individuales o grupales de los alumnos fuera del aula. En él se consideran las tareas con otros alumnos, profesores particulares o en biblioteca.

o

Módulo 4: Evaluación final. Aquellos alumnos que han cumplimentado con los requisitos necesarios para cursar la asignatura, se someten a un examen integrador. Además, este módulo solicita al alumno que realice una reflexión acerca de cómo contribuyeron las actividades desarrolladas a su aprendizaje. Permite que el alumno evalúe el sistema utilizado y sus contenidos como así también a los docentes que lo implementaron. El módulo finaliza con un análisis realizado por el alumno sobre la efectividad de la planificación que realizó para ordenar sus tareas de estudio; también tendrá la posibilidad de realizar una evaluación de los profesores en diferentes aspectos. Esta evaluación se realiza en forma anónima con el objetivo de que los alumnos puedan expresar libremente su opinión.

Como se puede apreciar, el Portafolio es complementario a la prueba escrita integradora, ya que permite a los estudiantes mostrar sus trabajos, en el contexto de la Facultad y en condiciones reales. El Cuadro I presenta la composición del Portafolio distinguiendo para cada módulo, los productos a entregar, objetivos y variables que se utilizarán en la evaluación.

Cuadro I: composición del Portafolio distinguiendo para cada módulo, los productos a entregar, objetivos y variables que se utilizarán en la evaluación.

	Productos a entregar	**Objetivos**	**Variable de medición**

o

Módulo 1 Planificación	1. Planificación de las actividades a desarrollar dentro y fuera del aula.	1. Evaluar la **capacidad** que tiene el estudiante para organizar los contenidos de estudio en un período escolar. Es decir, la coherencia de la planificación con el tiempo disponible y las particularidades del curso; el tratamiento que le da a los contenidos y el tiempo que le dedica a cada uno de ellos 2. Evaluar los criterios utilizados por el alumno en cuánto a la planificación, es decir, qué decisiones toma frente a sus **fortalezas y debilidades** en los contenidos de Matemática; cómo asigna los tiempos a los contenidos tomando en cuenta su importancia y dificultad	Porcentaje de horas dedicadas al estudio de la Matemática sobre el total de horas dedicadas al estudio. Porcentaje de horas de estudio, individuales y grupales, asignado a cada trabajo práctico en actividades fuera del aula Valor asignado, (baja, mediana y alta), a la dificultad y a la importancia de cada TP.
Módulo 2 Prácticas de aula	Registro de actividades realizadas en el aula	1. (Evaluar al alumno sobre su práctica dentro del ambiente académico)	Número de ejercicios resueltos
	Evaluaciones semanales	2. Evaluar el aprendizaje parcial del alumno.	Nota de la evaluación.

o

Módulo 3 Actividades fuera del aula	Registro de actividades individuales fuera del aula.	1. (Evaluar al alumno sobre su práctica fuera del ámbito académico)	Número de ejercicios resueltos
	Registro de actividades fuera del aula con otros alumnos.	2. (Evaluar la calidad del aprendizaje grupal)	Número de ejercicios resueltos
	Registro de actividades con profesores particulares.	3. (Evaluar los métodos de autoayuda utilizados por cada estudiante)	Número de ejercicios resueltos
	Registro de consulta de textos.	4. (Evaluar el grado de complejidad de los temas propuestos)	Tabla valorando dificultad e importancia de cada TP. *y de cada ejercicio de éstos*
Módulo 4 Evaluación final	Ficha de reflexión y análisis sobre las prácticas dentro del aula.	1. (Evaluar al alumno sobre su propia práctica)	
	Ficha de reflexión y análisis de las actividades fuera del aula.	2. (Evaluar al alumno sobre su propia práctica cuando se separa del ambiente académico)	

o

	Ficha de evaluación de los profesores.	3. Evaluar el grado y tipo de conocimiento que tiene el alumno sobre sus profesores. Evaluar la valoración, que realizan los alumnos, de la actividad de cada docente, en sus aspectos profesionales y personales	
	Examen integrador	4. Confrontar los dos métodos de evaluación, sin tener en cuenta los procesos, sino solamente el resultado final.	Nota del examen final intergrador.

ANÁLISIS DE LA INFORMACIÓN

La libertad académica en el ámbito de la Universidad confiere a los docentes el privilegio y la responsabilidad de definir o caracterizar la posición que se asume para establecer las metas de educación. Es claro que la posición que asume el docente para establecer sus metas de educación interviene de una forma determinante al momento de evaluar.

Para definir esta posición necesariamente se formulan las siguientes preguntas: ¿Cuál debe ser el producto del esfuerzo educativo? ¿Es el producto ideal: un técnico experimentado, un pensador reflexivo, o necesariamente una combinación de ambos?. Las diferentes repuestas a estas preguntas conducen a diferentes resultados en evaluación.

Durante el proceso de evaluación se realiza una valoración de la información disponible, y esta valoración sólo tendrá sentido si sirve para tomar decisiones que ayuden a mejorar la calidad de la enseñanza. El objetivo último de la evaluación de la docencia consiste en ayudar a cada profesor a reconocer los aspectos positivos de su práctica para potenciarlos, así como a detectar aquellos que requiere mejorar.

El Portafolios es un medio de autoevaluación de la propia práctica, así como una alternativa para la evaluación formativa, que se deriva del proceso reflexivo individual y del

o

diálogo con compañeros. El alumno será más consciente de lo que hace, por qué lo hace y qué efecto tiene en su aprendizaje. Es decir, esta herramienta favorece la detección de las fortalezas y/o debilidades de cada uno y, por lo tanto, la toma de decisiones sobre las áreas que se deben mejorar o modificar.

Utilizar el portafolios implica también, en coherencia, apostar por una evaluación formativa, en la que la propia autoevaluación adquiera mayor protagonismo. Reflexionar sobre la evaluación representa, necesariamente, hacerlo sobre la enseñanza que se practica. Ciertamente, el valor y el significado de la evaluación varía notablemente en virtud del modelo teórico en el que se inscribe más que del contexto de la experiencia en que tiene lugar

Los portafolios ofrecen a un medio para promover la enseñanza y documentar los logros de instrucción obtenidos. Así entre los beneficios que estas pueden brindan se encuentran los siguientes:

1. proporcionan una ocasión para la reflexión sobre:
    a. las metas de los docente y de los alumnos
    b. las relaciones entre profesor-estudiante
    c. la efectividad de estrategias de estudio
    d. los métodos alternativos de enseñanza y evaluación de lo enseñando
2. intensifican el conocimiento de los métodos de instrucción
3. documentan lo que se enseña y su efectividad
4. promueven el diálogo sobre la forma de enseñar y
5. promueven el crecimiento hacia una comunidad de instrucción activa

CRITICAS A LOS METODOS TRADICIONALES

Los exámenes tradicionales estimulan a los alumnos a adoptar un enfoque superficial, en cambio la metodología del portafolio se orienta fundamentalmente hacia diferentes estrategias de evaluación, privilegiando el significado personal, el papel activo del sujeto como co-creador de significado, la naturaleza autoorganizada y de evolución progresiva de las estructuras del conocimiento.

Para Quaas Fermandois (2000), la evaluación tradicional mide generalmente cantidad de conocimientos u objetivos logrados, representados como la frecuencia de respuestas correctas en los instrumentos no estructurados y, en los instrumentos estructurados indagando generalmente por simples estimaciones de verdadero o falso, o dirigiendo al sujeto a la selección de respuesta entre alternativas que plantean situaciones concretas seguidas rara vez por constructos hipotéticos. La evaluación desde la perspectiva constructivista en cambio, tiende a centrarse en las implicancias que una construcción particular del conocimiento tiene con otros aspectos del proceso de construcción, es decir, se trata de evaluar una rejilla de implicancias donde el sujeto – alumno considere las ramificaciones de los conceptos fundamentales y sea capaz de determinar la centralidad en la amplia cadena de construcciones que le dan sentido al conocimiento.

o

La evaluación tradicional, impuesta institucionalmente, obliga a los alumnos a aprender o a estudiar, se convierten en instrumentos separados de las prácticas áulicas, causan temor o rechazo, miden la cantidad de información recolectada por los alumnos. Muchas veces este tipo de evaluación conduce al fracaso.

El portafolio es una herramienta muy útil para poner en evidencia cómo se van produciendo los procesos de enseñanza y aprendizaje desde dentro, es decir, desde el punto de vista de los protagonistas. De este modo, es el propio sujeto el que organiza su trayectoria de reflexión en diferentes momentos a lo largo del proceso y delinea su propio camino. En síntesis, lo que caracteriza a un portafolio es:

1) El interés por reflejar la evolución de un proceso de aprendizaje
2) El estimulo a la experimentación, la reflexión y la investigación
3) El diálogo con los problemas, los logros, los temas, etc.
4) El reflejo del punto de vista personal de los protagonistas

REFERENCIAS

AUSUBEL, D.P., NOVAK, J.D. Y HANESIAN, H., (1976). Psicología educativa. Un punto de vista cognoscitivo, Trillas, México, 1976.

BACHELARD, G., (1979). La formación del espíritu científico, Siglo XXI, México.

CHAMIZO, J.A., (1994). Hacia una revolución en la educación científica'', en Ciencia, 45, 67-77 (1994).

CHAMIZO, J.A., (1995). Mapas conceptuales como una herramienta de investigación y evaluación en química, Educ. quím., 6, 118.

DE PABLOS J. y OTROS (1993): La evaluación del alumno en la Universidad: el proyecto CERT. Revista de enseñanza universitaria, 6. 49-71.

FEUER, M.J., FULTON. K. (1993) The many faces of perfomance asessment.Phi Delta Kappan, 74(6),478

GAGNÉ, R.M., (1971). Las condiciones del aprendizaje, Aguilar, Madrid.

GARRITZ, A., Ciencia-tecnología-sociedad. A diez años de iniciada la corriente, en Educ. quím., 5, 217-223 (1994).

GOODRICH ANDRADE, HEIDI. (2002). When assessment is instructor and instructor is assessment: Using rubrics to promote thinking and understanding. En material didáctico para el curso " Evaluación una clave para la transformación de la enseñanza" por Paula Pogrè. San José: Fundación Omar Dengo.

GUTIÉRREZ, R., (1989). Psicología y aprendizaje de las ciencias. El modelo de Gagné, en Enseñanza de las ciencias, 7, 147-157

HART, D., (1994). Autentic Assessment, Addison Wesley, Menlo Park.

HERNÁNDEZ, M.E., (1994). El papel del conocimiento previo y la legibilidad del libro de texto en el aprendizaje de la teoría sintética de la evolución en la escuela secundaria, tesis de maestría, Facultad de Ciencias, UNAM.

HUTCHINGS,P. (1990) Learning over time: Portfolio Assessment. AAHEBulletin, April, 6-8.

o

KHATTRI, N. Y SWEET, D. (1996) Assessment Reform: Promises andChallenges.EN: M.B. Kane y R. Mitchell (Eds.) lmplementing PerfomanceAssessment. Mahwah, Ni.: Lawrence Enlbaum (pp.l-2l).

KNIGHT, P., (19992). How I use portfolios in mathematics'', en Educational Leadership, 49, 71-72 (1992).

LYONS, N., (1999). El uso de portafolios. Propuestas para un nuevo profesionalismo docente.Buenos Aires: Amorrortu.

MOELLER, ALEIDINE J. (1995) . Portfolio Assessment. En Meeting new challenges in the foreign language classroom por Gale. K. Crouse, Ed., Illinois: NTC.

NOLET,V.(1992)Classroom-based measurement and portfolio assessment. Diagnostique, 18(1), 5-26 o simple historial del alumno? Universidad de Barcelona. En Salmeron, H (1998) (Ed) Diagnosticar en Educación,Granada: FETE UGT.

PAULSON, F,L, PAULSOM, P.R., YER, C.A. (1991) What makes a portfolio a portfolio? Educational Leadership, 48 (5), 60-63.

QUAAS FERMANDOIS C, (2000) Nuevos Enfoques en la Evaluación de los Aprendizajes. Revista Enfoques Educacionales Vol.2 Nº2 1999-2000. Departamento de Educación Facultad de Ciencias Sociales Universidad de Chile.

SEBASTIÁN RODRÍGUEZ ESPINAR. (1998). El portafolios: ¿modelo de evaluación

SHULMAN, L. (1999). Portafolios del docente: una actividad teórica. En N. Lyons, N. (Comp.) (1999). El uso del portafolios. Propuestas par un nuevo profesionalismo docente. Buenos Aires: Amorrortu, 45-62.

SOLE I GALLART, I., (1989). Aprender a leer, leer para aprender, en Cuadernos de Pedagogía, 157, 60.

SUTTON, C., (1980). The Learner's Prior Knowledge: a Critical Review of Techniques for Probing its Organization, en Eur. J. Sci. Ed., 2, 107-120.

VAN FOSSEN, R., (1994). Student Self Evaluation: The Learning Process, en Science Education International, 5, 20-23.

WADE, R. y YARBROUGH, D. (1996) Portfolio: A Tool for Reflective Thinking in Teacher Education'? Teaching and Teacher Education, 12 (1), 63-79

WESSON, C.L., KING, R. P. (1992) The role of curriculum-based measurement in portfolio assessment. Diagnostique, 18(1), 27-37

WILEY, D.F. y HAERTEL, E.H. (1996) Extended Assessment Tasks: Purposes, Definitions, Sconing and Accuracy. EN: MB. Kane y R. Mitchell (Eds.) Implementing Perfomance Assessment. Mahwah, N.J.: Lawrence Erlbaum (pp.61 -89)

WOLF, D.P., LeMAHIEU, P.G., ERESH, J. (1992) Good measure: Assessment as a tool for educational reform. Educational Leadership, 49 (8), 8-13

o

ZAKALUK, B., SAMUELS, J.S., TAYLOR, B., (1986). A Simple Technique for Estimating Prior Knowledge: Word Association, en Journal of Reading, 30, 56-60.

ZOLLER, U., (1990). The Individualized Eclectic Examination (IEE) An STS Approach, en J. Coll. Sci. Teaching, 19, 289.

ANEXO

INSTRUCCIONES GENERALES Y NORMAS DE FORMATO PARA LA ELABORACIÓN DEL PORTAFOLIO

- Es importante que los productos que envíe hayan sido realizados sólo por usted. No pueden ser resultado de un trabajo grupal.
- Debe tener especial cuidado en cumplir con los plazos establecidos.
- Sea prolijo en su presentación.
- Complete todos los ítems que se le solicitan
- No falte a la verdad, así no se engaña a usted mismo, y además, colabora con la mejora de la enseñanza.

El Portafolio es una forma alternativa de evaluación que se propone describir el punto de desarrollo en que se encuentre un aprendiz, sus objetivos de aprendizaje, las estrategias para alcanzarlos y una reflexión sobre lo aprendido. Se utilizan como procedimiento de evaluación de los estudiantes y también como una potente herramienta de descripción de la trayectoria docente y del proceso de desarrollo profesional de los profesores.

El Portafolio es un instrumento que consiste en la presentación de un grupo organizado de evidencias que usted deberá elaborar en formatos definidos para dar cuenta de su quehacer como alumno.

Las tareas que usted deberá realizar para presentar el Portafolio, implicarán *planificar, llevar a cabo actividades, preparar documentos, registros y reflexionar en torno a su quehacer*. Por ejemplo, tendrá que enviar la planificación de los trabajos prácticos, notas tomadas en clases, etc. Como se puede ver, lo que se le pedirá hacer está estrechamente relacionado con las tareas que usted normalmente realiza como estudiante.

Nombre y apellido:

Carrera:

Comisión:

o

Planificación

Completar el siguiente cuadro :

1- Marque cuales son las materias que está cursando(el cuadro N°1 contiene las materias de introducción de las tres carreras)
2- Escriba la cantidad de horas semanales que usted está cursando esa materia en la facultad (cantidad de horas semanales en el aula).
3- Escriba la cantidad de horas semanales que usted le dedicará al estudio de esa materia fuera del aula, en su casa(cantidad de horas semanales fuera del aula).Con esto se pretende que usted se tome su tiempo para pensar cómo distribuirá sus horas disponibles para el estudio.

Esta planificación la tiene que hacer teniendo en cuenta sus condiciones reales. Seguramente el plan necesitará ser modificado por circunstancias que ahora no tiene en cuenta, no se preocupe por eso. La idea es que usted se vaya organizando, ya que luego durante el curso, deberá completar otro cuadro donde pondrá lo que realmente pudo realizar de lo planificado. Así podrá visualizar sus logros y le ayudará a ir ajustando su planificación en el estudio.

Cuadro N°1

Asignatura	**Cantidad de horas semanales en el aula**	**Cantidad de horas semanales fuera del aula.**
Introducción a la matemática		
Introducción a la química		
Introducción a la física		
Introducción a los estudios universitarios		
Introducción a la biología		
Introducción a la contabilidad.		

o

Completar el siguiente cuadro:

1- Realice una **lectura global** de la guía de estudios de introducción a la matemática, para realizarla tenga en cuenta los títulos y subtítulos de cada trabajo práctico.
2- Marque con **una** cruz el grado de importancia y de dificultad que para usted tiene cada trabajo práctico (baja, media o alta).

Nombre y apellido:

Carrera:

Comisión:

Debe tener en claro que lo que usted considera importante no implica necesariamente que tanga un grado alto de dificultad y al contrario; puede ser que un trabajo práctico usted lo considere de baja importancia y para usted tenga un alto grado de complejidad.

Tener en cuenta estos datos le ayudará a planear la cantidad de horas que tendrá que dedicarle al estudio de esta materia en general, y a cada trabajo práctico en particular; por esto la importancia de completar los tres cuadros del primer módulo.

Cuadro N°2

Trabajo práctico	importancia			dificultad		
	baja	media	alta	baja	media	alta
N°1						
N°2						
N°3						
N°4						
N°5						
N°6						

Por último le proponemos planificar cuántas horas semanales le va a dedicar al estudio de cada trabajo práctico **fuera del aula**, en su casa (en función de su importancia, dificultad, tiempos que exige la facultad y tiempo que usted disponga).

o

1-Escriba la cantidad de tiempo que estudia cada trabajo práctico en forma individual, con un grupo de compañeros de estudio y/o con profesor particular. No necesariamente debe completar todo el cuadro, por ejemplo si usted no concurrió a prof particular.

2-Si consultó **textos indique el nombre del libro y número de páginas**.

3- Se planificó un cuadro por trabajo práctico, lo debe entregar los días **jueves** al comenzar la clase; con la planificación para la semana entrante. Por ejemplo el jueves 20 /2 entregan la planificación del tp n°3.

Cuadro N° 3

	Estudio en forma individual	Estudio en forma grupal	Profesor particular	Consulta de textos /biblioteca
Trabajo práctico n°2				

Registro de actividades realizadas

En esta parte le proponemos volcar en estos cuadros lo que **realmente** pudo hacer en su trabajo práctico.

Cuando se ponga a estudiar en su trabajo práctico **tengalos siempre a mano**, así podrá

completarlos sin dificultad. Cada cuadro corresponde a un trabajo práctico distinto y a su vez está subdividido en las diferentes actividades del TP (subitems).

Completelo de la siguiente forma:

- De cada subitem marque en el casillero correspondiente cuantos ejercicios realizó en clase y cuantos fuera de clase: sólo, en grupo o con profesor particular.
- Evalúe el grado general de dificultad que para usted tuvo ese subítem colocando una cruz donde corresponda.
- Si consultó textos indique el nombre del libro y número de páginas.
- Los días lunes usted deberá entregar el cuadro junto con el trabajo práctico correspondiente

o

Trabajo práctico N°2	N° de ejercicios realizados en clase	Número de ejercicios realizados fuera de clase			Dificultad			Consulta de textos, biblioteca.
subitems		solo	grupo	Prof.partic	baja	media	alta	
Subitem 1 8 ejercicios								

Cabe recordarle que lo que usted escriba aquí no será evaluado por los profesores con una nota y no influirá en las notas de los parciales ni en el examen integrador.

Gracias por realizar esta tarea será de gran utilidad

Fecha:

Evaluación final.

Esta evaluación se realiza en forma anónima con el objetivo de que usted pueda expresar libremente su opinión. Le pedimos que sea sincero y se detenga a reflexionar sobre las cuestiones que se le preguntan ya que será de gran utilidad para ustedes y para la cátedra. Muchas gracias.

1)¿Crees que la planificación que realizaste para ordenar tus tareas de estudio fue efectiva?

o

Si ( ) No( )

2)¿Por qué?

....
....
....
....

Evaluación del curso:

3) El **curso** en términos generales le ha parecido:

(marque con una cruz)

- Muy bueno
- Bueno
- Regular
- Malo

4) Los **trabajos prácticos** le parecieron:

(marque con una cruz)

- Imprescindibles
- Útiles
- Engorrosos
- Innecesarios

5) Los **contenidos** del curso le parecieron:

(marque con una cruz)

- Ya aprendidos anteriormente
- Ya vistos anteriormente y olvidados
- Nunca vistos anteriormente

o

Opiniones, críticas y/o sugerencias que quiera aportar...

Fecha:

Evaluación de los profesores:

Marque con una cruz.

	muy bueno	Bueno	regular	malo
Nivel de conocimiento				
Modo de enseñanza (cómo me enseña)				
Puntualidad y asistencia				
Relación con los alumnos (cómo me trata)				
Predisposición del docente				

o

DIAGNOSTICO DE CAPACIDADES MATEMÁTICAS DEL ALUMNO INGRESANTE A LA FACULTAD DE AGRONOMÍA

Sastre Vázquez, P.; Boubée, C.; Rey, G.

RESUMEN: La evaluación como diagnóstico permite saber cuál es el estado cognoscitivo y actitudinal de los alumnos. Esta diagnosis permitirá ajustar la acción a sus características y situación. El diagnóstico inicial permite saber de qué punto se parte, cuáles son los conocimientos previos de los alumnos, qué tipo de concepciones tienen.Los alumnos de primer año de la Facultad presentan problemas derivados de falencias en la articulación entre la enseñanza media y la superior, lo cual incide de forma relevante en la enseñanza de la matemática, ya que se necesita de un dominio adecuado de los conocimientos y habilidades precedentes para poder afrontar con éxito los nuevos contenidos. Este trabajo analiza la prueba inicial tomada a los alumnos ingresantes a las diferentes carreras de la Facultad de Agronomía de la Universidad Nacional del Centro de la Provincia de Buenos Aires, Argentina, en la que se incluyeron algunas capacidades cognoscitivas básicas, referidas al campo matemático. Dichas capacidades se seleccionaron teniendo en cuenta algunas de las futuras necesidades de los alumnos. Esta evaluación se estructuró en dos partes: la primera, con ejercicios referidos a la operatoria numérica y al reconocimiento de unidades para diferentes magnitudes, y la segunda, con situaciones problemáticas contextualizadas, que incluían básicamente conceptos geométricos e interpretación de gráficos de funciones. Los resultados muestran que los alumnos manejan mejor la operatoria numérica, plasmada en ejercicios descontextualizados, mientras que al enfrentarse a situaciones problemáticas, un alto porcentaje no las resuelve, o lo hace mal. El alumno ingresante no posee las habilidades necesarias para el análisis y resolución de problemas, aunque es capaz de reproducir conocimientos en un contexto similar al del proceso de enseñanza. Es capaz de resolver ejercicios, pero no de analizar situaciones problemáticas.

INTRODUCCION

La evaluación es la fase valorativa de toda acción racional humana. La reconsideración, valoración y extracción de consecuencias es el núcleo lógico de la tarea evaluadora. La evaluación es una parte del proceso de enseñanza y aprendizaje, pero no es un complemento o un adorno. No es, fundamentalmente, un problema de medición, sino de comprensión. Se evalúa para comprender y, en definitiva, para cambiar y mejorar.

Podemos decir que la evaluación tiene dos funciones:

- Una función de carácter social, que se cumple en aquellos procesos de evaluación que pretenden la selección y clasificación de individuos para una determinada tarea.
- Una función pedagógica, de regulación de los procesos de enseñanza y de aprendizaje, es decir, de reconocimiento de los cambios que se han de introducir progresivamente en este proceso. Se trata de adaptar la intervención educativa a las necesidades concretas en cada momento.

Podrían asociarse ambas funciones a dos verbos que las reflejan: juzgar y mejorar. Desde esta segunda perspectiva, la evaluación se realizará en diferentes momentos del proceso educativo y sobre distintos elementos y situaciones.

En esta doble funcionalidad se inscribe la distinción entre evaluación sumativa y evaluación formativa, formulada por Scriven en 1967, aunque otros autores, como

o

Stufflebeam, han preferido hablar de las funciones proactiva y retroactiva de la evaluación. Dentro de la evaluación formativa, con un carácter diferencial, se incluye la evaluación diagnóstica.

La función diagnóstica de la evaluación, permite alcanzar un doble objetivo:

- complementa la información referida a etapas o ciclos educativos anteriores
- sirve de base para los procesos de toma de decisiones futuras en todas o cualquiera de las etapas o ciclos educativos.

La evaluación como diagnóstico permite saber cuál es el estado cognoscitivo y actitudinal de los alumnos. Esta diagnosis permitirá ajustar la acción a sus características y situación. El diagnóstico inicial permite saber de qué punto se parte, cuáles son los conocimientos previos de los alumnos, qué tipo de concepciones tienen.

Los problemas que presentan los alumnos de primer año de la Facultad son un reflejo de las dificultades existentes desde hace varios años, en la articulación entre la enseñanza media y la superior, lo cual incide de forma relevante en la enseñanza de la matemática, ya que se necesita de un dominio adecuado de los conocimientos y habilidades precedentes para poder afrontar con éxito los nuevos contenidos. Sin embargo, estas dificultades no son exclusivas del área matemática. Numerosos estudios han intentado determinar cuál es la asimilación de conocimientos y la formación de habilidades en las diferentes asignaturas, y casi todos ellos han constatado insuficiencias en la formación básica de los estudiantes.

Fraga, B. D, Calderón Ariosa, R. M. Y Rabell, L afirman que los problemas que más comúnmente se presentan son: la falta de dominio de los conceptos básicos y la acumulación formal de ellos, la falta de habilidades para el análisis y resolución de problemas, una deficiente capacidad de aplicación, y un insuficiente desarrollo de la capacidad creadora. En los estudiantes que arriban al primer año también tienen lugar problemas relacionados con la organización y distribución del tiempo de autopreparación de las asignaturas.

El reconocimiento de la existencia de dificultades en la articulación entre los niveles medio y superior data de varios años. En 1991 tuvo lugar la Primera Experiencia de Articulación e Integración de Niveles, Área Matemática, organizada por la Facultad de Agronomía de la Universidad Nacional del Centro de la Provincia de Buenos Aires, Azul, Argentina, en la que participaron docentes de los niveles medio y superior de toda la zona de influencia de dicha Universidad, con el objeto de detectar y analizar las dificultades más frecuentes de los alumnos ingresantes al nivel universitario. En sus conclusiones, las dificultades referidas a saberes matemáticos consideradas como más frecuentes fueron: deficiencia en la aplicación de propiedades, resolución de inecuaciones, confección de gráficos, resolución de problemas con magnitudes directamente o inversamente proporcionales, cálculo de porcentaje, terminología específica de la materia.

El análisis de los resultados del diagnóstico de capacidades de los alumnos ingresantes en el año 2004 no pretende contrastar con las conclusiones de aquella primera experiencia de

o

integración de docentes de diferentes niveles de enseñanza, sino que se plantea con el fin de identificar capacidades y dificultades de los actuales alumnos ingresantes, referidas a operatoria matemática, e interpretación y resolución de situaciones problemáticas, para adaptar la intervención educativa a la situación concreta actual.

METODOLOGIA

Se focalizará el análisis sobre la evaluación diagnóstica de matemática, llevada a cabo a los 177 alumnos ingresantes a las distintas carreras de la Facultad de Agronomía de Azul, perteneciente a la Universidad Nacional del Centro de la Provincia de Buenos Aires, Argentina, en el año 2004.

El diagnóstico consistió en una prueba escrita inicial, en la que se incluyeron diferentes actividades destinadas a evaluar algunas capacidades cognoscitivas básicas, referidas al campo matemático. Dichas capacidades se seleccionaron teniendo en cuenta las futuras necesidades de los alumnos, tanto referidas al área matemática específicamente, como a otras asignaturas que la utilizan como herramienta auxiliar y básica.

Esta evaluación se estructuró en dos partes:

- Una primera parte con ejercicios referidos a la operatoria numérica y al reconocimiento de unidades para diferentes magnitudes;
- La segunda parte, con situaciones problemáticas contextualizadas, que incluían básicamente conceptos geométricos e interpretación de gráficos de funciones.

Se utilizó una grilla de corrección, discriminando las capacidades evaluadas en cada ítem, categorizando cualitativamente la información.

Los datos obtenidos se procesaron con el paquete estadístico SPSS, mediante el cual se obtuvieron las frecuencias de aparición de cada categoría considerada para las evaluaciones de las capacidades en cuestión.

A continuación se incluyen las tablas con los resultados obtenidos para las distintas capacidades evaluadas. Cabe aclarar que la no respuesta por parte del alumno se categorizó como "sin dato":

- Primera Parte: Ejercicios referidos a operatoria numérica y unidades de medidas.

o

Opera con términos semejantes en ec. lineales

		Frecuencia	Porcentaje
Válidos	no	6	3,4
	si	165	93,2
	sin dato	6	3,4
	Total	**177**	**100,0**

Opera correctamente en Z

		Frecuencia	Porcentaje
Válidos	no	25	14,1
	si	146	82,5
	sin dato	6	3,4
	Total	**177**	**100,0**

Reconoce operación inversa

		Frecuencia	Porcentaje
Válidos	no	16	9,0
	si	155	87,6
	sin dato	6	3,4
	Total	**177**	**100,0**

Suma fracciones

		Frecuencia	Porcentaje
Válidos	mal	32	18,1
	bien	72	40,7
	regular	69	39,0
	sin dato	4	2,3
	Total	**177**	**100,0**

Resuelve cuadrado de una suma

		Frecuencia	Porcentaje
Válidos	no	70	39,5
	si	100	56,5
	sin dato	7	4,0
	Total	**177**	**100,0**

Calcula porcentaje

		Frecuencia	Porcentaje
Válidos	mal	60	33,9
	bien	91	51,4
	regular	3	1,7
	sin dato	23	13,0
	Total	**177**	**100,0**

Conoce unidades de longitud

		Frecuencia	Porcentaje
Válidos	no	90	50,8
	si	75	42,4
	sin dato	12	6,8
	Total	**177**	**100,0**

Conoce unidades de superficie

		Frecuencia	Porcentaje
Válidos	mal	8	4,5
	bien	80	45,2
	bastante mal	21	11,9
	bastante bien	65	36,7
	sin dato	3	1,7
	Total	**177**	**100,0**

o

Conoce unidades de volumen

		Frecuencia	Porcentaje
Válidos	no	29	16,4
	si	56	31,6
	bastante mal	40	22,6
	bastante bien	47	26,6
	sin dato	5	2,8
	Total	**177**	**100,0**

Conoce unidades de tiempo

		Frecuencia	Porcentaje
Válidos	no	24	13,6
	si	152	85,9
	sin dato	1	,6
	Total	**177**	**100,0**

Conoce unidades de temperatura

		Frecuencia	Porcentaje
Válidos	mal	1	,6
	bien	135	76,3
	bastante mal	1	,6
	bastante bien	38	21,5
	sin dato	2	1,1
	Total	**177**	**100,0**

Reduce unidades de longitud

		Frecuencia	Porcentaje
Válidos	no	37	20,9
	si	41	23,2
	sin dato	99	55,9
	Total	**177**	**100,0**

Conoce unidades de velocidad

		Frecuencia	Porcentaje
Válidos	no	130	73,4
	si	47	26,6
	Total	**177**	**100,0**

- <u>Segunda Parte</u>: Problemas referidos a nociones geométricas e interpretación de gráficos de funciones.

Reconoce propiedad ángulos de un triángulo

		Frecuencia	Porcentaje
Válidos	mal	50	28,2
	bien	57	32,2
	regular	9	5,1
	sin dato	61	34,5
	Total	**177**	**100,0**

Aplica Teorema de Pitagoras

		Frecuencia	Porcentaje
Válidos	mal	89	50,3
	bien	44	24,9
	regular	2	1,1
	sin dato	42	23,7
	Total	**177**	**100,0**

o

Maneja escalas

		Frecuencia	Porcentaje
Válidos	mal	32	18,1
	bien	57	32,2
	sin dato	88	49,7
	Total	**177**	**100,0**

Calcula perímetro de un rectángulo

		Frecuencia	Porcentaje
Válidos	mal	31	17,5
	bien	33	18,6
	regular	13	7,3
	sin dato	100	56,5
	Total	**177**	**100,0**

Calcula superficie de un rectángulo

		Frecuencia	Porcentaje
Válidos	mal	35	19,8
	bien	23	13,0
	regular	11	6,2
	sin dato	108	61,0
	Total	**177**	**100,0**

Calcula volumen de paralelepípedo

		Frecuencia	Porcentaje
Válidos	mal	23	13,0
	bien	6	3,4
	regular	7	4,0
	sin dato	141	79,7
	Total	**177**	**100,0**

Opera correctamente con unidades de longitud, superficie y volumen

		Frecuencia	Porcentaje
Válidos	no	23	13,0
	si	35	19,8
	sin dato	119	67,2
	Total	**177**	**100,0**

Identifica variables

		Frecuencia	Porcentaje
Válidos	no	41	23,2
	si	109	61,6
	sin dato	27	15,3
	Total	**177**	**100,0**

Reconoce unidades de las variables

		Frecuencia	Porcentaje
Válidos	no	35	19,8
	si	114	64,4
	sin dato	28	15,8
	Total	**177**	**100,0**

Reconoce dependencia entre variables

		Frecuencia	Porcentaje
Válidos	no	49	27,7
	si	65	36,7
	sin dato	63	35,6
	Total	**177**	**100,0**

o

Encuentra la imagen de un valor, gráficamente

		Frecuencia	Porcentaje
Válidos	no	4	2,3
	si	165	93,2
	sin dato	8	4,5
	Total	**177**	**100,0**

Encuentra los ceros de la función en el gráfico

		Frecuencia	Porcentaje
Válidos	no	9	5,1
	si	159	89,8
	sin dato	9	5,1
	Total	**177**	**100,0**

Encuentra puntos comunes de funciones, gráficamente

		Frecuencia	Porcentaje
Válidos	mal	8	4,5
	bien	72	40,7
	regular	88	49,7
	sin dato	9	5,1
	Total	**177**	**100,0**

Encuentra mínimo en el gráfico

		Frecuencia	Porcentaje
Válidos	no	24	13,6
	si	142	80,2
	sin dato	11	6,2
	Total	**177**	**100,0**

Encuentra máximo en el gráfico

		Frecuencia	Porcentaje
Válidos	no	11	6,2
	si	156	88,1
	sin dato	10	5,6
	Total	**177**	**100,0**

RESULTADOS Y CONCLUSIONES

Los resultados de este trabajo permiten hacer un análisis cuantitativo, basándose en las frecuencias y sus porcentajes, de respuestas correctas o no, que dieron los alumnos, para así identificar las habilidades previas con que cuentan. El diagnóstico de capacidades previas del ingresante es de suma importancia para adecuar la acción posterior de enseñanza, a sus características particulares.

En cuanto a la primera parte de la evaluación diagnóstica, se observa que entre un 6,8% y un 20,4% de los alumnos opera mal o no resuelve los ejercicios referidos a ecuaciones lineales, números enteros y racionales. El 43,5% de los evaluados no resuelve el cuadrado de una suma, siendo el error más frecuente la aplicación de la propiedad distributiva de la potencia respecto de la suma.

Es llamativo que el 46,9% no sea capaz de calcular porcentaje, conocimiento básico y de gran utilidad en el desarrollo de los alumnos. Desconocen o confunden unidades de medida,

o

especialmente de velocidad (73,4%) y de longitud (57,6%). Sobre esta magnitud, un alto porcentaje (55,9%) no es capaz de reducir sus unidades, y un 20,9% lo hace mal.

En cuanto a la segunda parte del diagnóstico, lo más notorio son los altos porcentajes de alumnos, entre un 23,7% y un 79,7%, que no responden las situaciones referidas a nociones geométricas, básicas y cotidianas en su mayoría. Con referencia a la interpretación de gráficos de funciones, la mayor dificultad que se observa está vinculada con el reconocimiento de la dependencia entre variables (27,7% lo hace mal, y 35,6% no lo hace).

Una dificultad adicional es la referida a la interpretación de las situaciones problemáticas, falencia reconocida en la mayoría de los ingresantes, y compartida con el resto de las disciplinas.

Los resultados del diagnóstico muestran que los alumnos manejan mejor la operatoria numérica, plasmada en ejercicios descontextualizados, mientras que al enfrentarse a situaciones problemáticas, un alto porcentaje no las resuelve , o lo hace mal. El alumno ingresante no posee las habilidades necesarias para el análisis y resolución de problemas, aunque es capaz de reproducir conocimientos en un contexto similar al del proceso de enseñanza. Es capaz de resolver ejercicios, pero no de analizar situaciones problemáticas, realidad a tener en cuenta para ajustar la acción educativa.

BIBLIOGRAFIA

Santos Guerra, M. A. (1996). *Evaluación Educativa. Un enfoque práctico de la evaluación de alumnos, profesores, centros educativos y materiales didácticos.* Tomo 2. Magisterio del Río de la Plata. Argentina.

Scriven, M. (1967). *The methodology of evaluation.* En: R. W. Tyler y otros. (1967). *Perspectives of curriculum Evaluation. Area Monograph on Curriculum Evaluation* (núm. I). Chicago: Rand McNally.

Stufflebeam, D. L.; Shinkfield, A. J. (1987). *Evaluación sistemática. Guía teórica y práctica.* Barcelona: Paidos/MEC.

Fraga, B. D, Calderón Ariosa, R. M. Y Rabell, L. *Apuntes sobre didáctica de la matemática para ingeniería.* Cuba. http://www.monografias.com/trabajos11/monogrr/monogrr.shtml

U.N.C.P.B.A., I.N.E.S.A. (1991) *Experiencia de articulación e integración de niveles. Area Matemática.* Azul. Bs. As. Argentina.

o

DIFICULTADES EN LA RESOLUCIÓN DE PROBLEMAS DEL ALUMNO INGRESANTE A INGENIERÍA AGRONÓMICA

Sastre Vázquez, Patricia; Boubée, Carolina; Rey, A. M. Graciela

RESUMEN: Una forma de identificar las capacidades del alumno ingresante al nivel universitario es mediante una evaluación diagnóstica, que permita saber cuál es su estado cognoscitivo y actitudinal, para luego ajustar la acción a sus características. Este trabajo analiza la prueba inicial tomada a los alumnos ingresantes a la Facultad de Agronomía de la UNCPBA, Argentina. La evaluación contenía dos partes: 1) ejercicios que incluían capacidades matemáticas básicas, y 2) situaciones problemáticas contextualizadas, ya que la resolución de problemas provee el contexto para desarrollar capacidades matemáticas y llevar a cabo un aprendizaje conceptual. Los resultados muestran que los alumnos no poseen las habilidades necesarias para la resolución de problemas, aunque pueden reproducir conocimientos en contextos similares a los del proceso de enseñanza.

INTRODUCCION

Hoy se sostiene la necesidad de plantear una educación que tienda a la adquisición y desarrollo de competencias por parte de los sujetos. En el sector educativo de la Argentina se asume explícitamente esa intención, cuando se señala que los Contenidos Básicos Comunes "se orientarán a la formación de competencias" (Ministerio de Cultura y Educación de Argentina, 1994), entendiendo por tales "las capacidades complejas, que poseen distintos grados de integración y se ponen de manifiesto en una gran variedad de situaciones correspondientes a los diversos ámbitos de la vida humana, personal y social."

En este marco, el debate se centra en la selección de las competencias a las que debe orientarse la formación brindada por el sector educativo en general, así como la selección de las que deberán ser priorizadas por la educación universitaria en sus diferentes opciones. La base para tal selección habrá de contemplar la situación real de los alumnos. Los estudios existentes indican que pocos alumnos presentan un desarrollo de capacidades que les permitiera desenvolverse eficazmente en el nivel universitario (Felipe y cols. 1998).

La resolución de problemas juega un papel trascendental en esta nueva aproximación a la problemática de la enseñanza y el aprendizaje de la matemática. “Saber matemática” es “hacer matemática”, es resolver determinados tipos de problemas con determinados tipos de técnicas, de manera inteligible, justificada y razonada, pudiendo argumentar la resolución.

o

En el nivel pre – universitario no siempre se logra la comprensión conceptual por parte de los alumnos, alcanzando tan sólo, y no siempre, cierta habilidad para aplicar los contenidos que han aprendido en contextos similares a los que dieron origen a dicho aprendizaje.

Al momento del ingreso al nivel universitario es muy útil evaluar al alumno, intentando identificar y comprender su realidad. La evaluación es una parte del proceso de enseñanza y aprendizaje. Se evalúa para comprender y, en definitiva, para cambiar y mejorar.

Una de las funciones de la evaluación es su función pedagógica, de regulación de los procesos de enseñanza y de aprendizaje, es decir, de reconocimiento de los cambios que se han de introducir progresivamente en este proceso. Se trata de adaptar la intervención educativa a las necesidades concretas en cada momento.

La evaluación como diagnóstico permite saber cuál es el estado cognoscitivo y actitudinal de los alumnos. Esta diagnosis permitirá ajustar la acción a sus características y situación. El diagnóstico inicial permite saber de qué punto se parte, cuáles son los conocimientos previos de los alumnos, qué tipo de concepciones tienen. Se podrán identificar errores, para su posterior análisis y tratamiento.

La función diagnóstica de la evaluación, permite alcanzar un doble objetivo:

- complementa la información referida a etapas o ciclos educativos anteriores
- sirve de base para los procesos de toma de decisiones futuras en todas o cualquiera de las etapas o ciclos educativos.

Al momento de ingresar a la Universidad, la evaluación diagnóstica inicial permite identificar qué herramientas matemáticas tiene a su disposición el alumno, cuáles son sus conocimientos de base.

Los problemas que presentan los alumnos de primer año de la Facultad son un reflejo de las dificultades existentes desde hace varios años, en la articulación entre la enseñanza media y la superior, lo cual incide de forma relevante en la enseñanza de la matemática, ya que se necesita de un dominio adecuado de los conocimientos y habilidades precedentes para poder afrontar con éxito los nuevos contenidos. Sin embargo, estas dificultades no son exclusivas del área matemática. Numerosos estudios han intentado determinar cuál es la asimilación de conocimientos y la formación de habilidades en las diferentes asignaturas, y casi todos ellos han constatado insuficiencias en la formación básica de los estudiantes, identificando falencias tales como: falta de dominio de los conceptos básicos y la acumulación formal de ellos, falta de habilidades para el análisis y resolución de problemas, deficiente capacidad de aplicación, e insuficiente desarrollo de la capacidad creadora. En los estudiantes que arriban al primer año también tienen lugar problemas relacionados con la organización y distribución del tiempo de autopreparación de las asignaturas.

El análisis de los resultados del diagnóstico de capacidades de los alumnos ingresantes a la Facultad de Agronomía de la UNCPBA se plantea con el fin de identificar capacidades y dificultades de los actuales alumnos ingresantes, referidas a operatoria matemática, e

o

interpretación y resolución de situaciones problemáticas, para adaptar la intervención educativa a la situación real.

METODOLOGIA

Este trabajo es de carácter descriptivo, y se focaliza en el análisis de la evaluación diagnóstica de matemática, llevada a cabo a los 177 alumnos ingresantes a las distintas carreras de la Facultad de Agronomía de Azul, perteneciente a la Universidad Nacional del Centro de la Provincia de Buenos Aires, Argentina, en el año 2004.

La herramienta utilizada para el diagnóstico fue una prueba escrita inicial, de resolución individual, en la que se incluyeron diferentes actividades destinadas a evaluar algunas capacidades cognoscitivas básicas, referidas al campo matemático. Los contenidos eran conocidos por los alumnos, dado su tratamiento en los niveles previos del sistema educativo. Con esto se trató de evitar que el contenido funcionara como un obstaculizador de la puesta en acción de las capacidades intelectuales a indagar.

Dichas capacidades básicas se seleccionaron teniendo en cuenta las futuras necesidades de los alumnos, tanto referidas al área matemática específicamente, como a otras asignaturas que la utilizan como herramienta auxiliar y básica. Esta evaluación se estructuró en dos partes, aunque cabe aclarar que los alumnos desconocían esta división:

- Una primera parte con ejercicios referidos a la operatoria numérica y al reconocimiento de unidades para diferentes magnitudes;
- La segunda parte, con situaciones problemáticas contextualizadas, que incluían básicamente conceptos geométricos e interpretación de gráficos de funciones.

Se utilizó una grilla de corrección, discriminando las capacidades evaluadas en cada ítem, categorizando cualitativamente la información, y cuantificándola mediante el análisis de frecuencias y el cálculo de porcentajes. Los datos obtenidos se procesaron con un paquete estadístico, y se obtuvieron las frecuencias de aparición de cada categoría considerada para la evaluación de las capacidades en cuestión.

RESULTADOS

A continuación se incluye una tabla con los resultados obtenidos para las distintas capacidades evaluadas. Cabe aclarar que la no – respuesta por parte del alumno se categorizó como “sin dato”: F: Frecuencia

<u>Primera Parte</u>: Ejercicios referidos a operatoria numérica y unidades de medidas.

o

Capacidades	BIEN		REGULAR		MAL		SIN DATO		TOTAL	
	F	%	F	%	F	%	F	%	F	%
Operar con términos semejantes en ecuaciones lineales	165	93,2			6	3,4	6	3,4	177	100
Operar en el conjunto de los números enteros.	146	82,5			25	14,1	6	3,4	177	100
Reconocer operaciones inversas	155	87,6			16	9	6	3,4	177	100
Sumar fracciones	72	40,7	69	39	32	18,1	4	2,3	177	100
Identificar cuadrado de un binomio	100	56,5			70	39,5	7	4	177	100
Calcular porcentaje	91	51,4	3	1,7	60	33,9	23	13	177	100
Reconocer unidades de longitud	75	42,4			90	50,8	12	6,8	177	100
Reconocer unidades de área	80	45,2	86	48,6	8	4,5	3	1,7	177	100
Reconocer unidades de volumen	56	31,6	87	49,2	29	16,4	5	2,8	177	100
Reconocer unidades de tiempo	152	85,9			24	13,6	1	0,6	177	100
Reconocer unidades de temperatura	135	76,3	39	22,1	1	0,6	2	1,1	177	100
Reconocer unidades de velocidad	47	26,6			130	73,4			177	100
Reducir unidades de longitud	41	23,2			37	20,9	99	55,9	177	100

o

Segunda Parte: Problemas que referidos a nociones geométricas e interpretación de gráficos de funciones.

Capacidades	BIEN		REGULAR		MAL		SIN DATO		TOTAL	
	F	%	F	%	F	%	F	%	F	%
Reconocer propiedad de la suma de los ángulos interiores de un triángulo	57	32,2	9	5,1	50	28,2	61	34,5	177	100
Aplicar Teorema de Pitágoras	44	24,9	2	1,1	89	50,3	42	23,7	177	100
Manejar escalas	57	32,2			32	18,1	88	49,7	177	100
Calcular perímetro de un rectángulo	33	18,6	13	7,3	31	17,5	100	56,5	177	100
Calcular área de un rectángulo	23	13	11	6,2	35	19,8	108	61	177	100
Calcular volumen de un prisma	6	3,4	7	4	23	13	141	79,7	177	100
Operar con unidades de longitud, área y volumen	35	19,8			23	13	119	67,2	177	100
Identificar variables	109	61,6			41	23,2	27	15,3	177	100
Reconocer unidades de las variables	114	64,4			35	19,8	28	15,8	177	100
Reconocer dependencia entre variables	65	36,7			49	27,7	63	35,6	177	100
Encontrar, gráficamente, la imagen de un valor	165	93,2			4	2,3	8	4,5	177	100

o

Encontrar, gráficamente, los ceros de una función	159	89,8			9	5,1	9	5,1	177	100
Encontrar, gráficamente, intersecciones entre funciones	72	40,7	88	49,7	8	4,5	9	5,1	177	100
Encontrar, gráficamente, el mínimo de una función	142	80,2			24	13,6	11	6,2	177	100
Encontrar, gráficamente, el máximo de una función	156	88,1			11	6,2	10	5,6	177	100

CONCLUSIONES

Los resultados de este trabajo permiten hacer un análisis cuantitativo, basándonos en las frecuencias y sus porcentajes, de respuestas correctas o no, que dieron los alumnos, para así identificar las habilidades previas con que cuentan. El diagnóstico de capacidades previas del ingresante es de suma importancia para adecuar la acción posterior de enseñanza, a sus características particulares.

1. En cuanto a la primera parte de la evaluación diagnóstica, se observa que entre un 6,8% y un 20,4% de los alumnos opera mal o no resuelve los ejercicios referidos a ecuaciones lineales, números enteros y racionales. El 43,5% de los evaluados no resuelve el cuadrado de una suma, siendo el error más frecuente la aplicación de la propiedad distributiva de la potencia respecto de la suma.
    a. Es llamativo que el 46,9% no sea capaz de calcular porcentaje, conocimiento básico y de gran utilidad en el desarrollo de los alumnos. Desconocen o confunden unidades de medida, especialmente de velocidad (73,4%) y de longitud (57,6%). Sobre esta magnitud, un alto porcentaje (55,9%) no es capaz de reducir sus unidades, y un 20,9% lo hace mal.
2. En cuanto a la segunda parte del diagnóstico, lo más notorio son los altos porcentajes de alumnos, entre un 23,7% y un 79,7%, que no responden las situaciones referidas a nociones geométricas, básicas y cotidianas en su mayoría. Con referencia a la

interpretación de gráficos de funciones, la mayor dificultad que se observa está vinculada con el reconocimiento de la dependencia entre variables (27,7% lo hace mal, y 35,6% no lo hace).

3. Una observación adicional es la referida a la dificultad de los alumnos para interpretar los enunciados de las situaciones problemáticas. En el momento de la evaluación un alto número de alumnos plantea preguntas o dudas tales como: "¿qué me pide con este problema?", "no entiendo lo que dice", etc. Esta falencia se reconoce en la mayoría de los ingresantes, y es compartida con el resto de las disciplinas. El déficit de los alumnos en el área de Lengua, que es básica para la comprensión y conceptualización del resto de las áreas, es un aspecto a tener en cuenta y que debe mejorarse, fundamentalmente mediante un trabajo conjunto entre los docentes de todas las áreas.

Los resultados del diagnóstico muestran que los alumnos manejan mejor la operatoria numérica, plasmada en ejercicios descontextualizados, mientras que al enfrentarse a situaciones problemáticas, un alto porcentaje no las resuelve, o lo hace mal. Aunque no es el objetivo del presente trabajo, puede intentarse una explicación (entre muchas posibles) de los resultados obtenidos, considerando que al alumno, en los niveles pre - universitarios, se le presenta la matemática como un saber acabado, donde ya todo se sabe, y mediante la repetición se la "aprenderá", olvidando el aspecto dinámico, de descubrimiento continuo, característico de esta ciencia y que se evidencia en el papel central que posee la resolución de problemas (intra o extramatemáticos) para su avance científico, y que no se puede ni debe olvidar en el proceso de enseñanza.

Esta concepción, de manera explícita o implícita, conciente o no, se plasma en la presentación, que a menudo los docentes hacen, de gran cantidad de ejercicios repetitivos, descontextualizados, que los alumnos pueden resolver de forma mecánica, rutinaria, produciendo sólo un adiestramiento pero no creándoles un conflicto cognitivo.

Los resultados muestran que el alumno ingresante no posee las habilidades necesarias para el análisis, comprensión y resolución de problemas, aunque es capaz de reproducir conocimientos en un contexto similar al del proceso de enseñanza. Es capaz de resolver ejercicios (aunque no todos los que se le presenten) ya que "recuerda" mecanismos, métodos de resolución utilizados en los niveles educativos previos, pero no de analizar situaciones problemáticas, realidad a tener en cuenta para ajustar la acción educativa.

BIBLIOGRAFÍA

Santos Guerra, M. A. (1996). *Evaluación Educativa. Un enfoque práctico de la evaluación de alumnos, profesores, centros educativos y materiales didácticos.* Tomo 2. Magisterio del Río de la Plata. Argentina.

o

Stufflebeam, D. L.; Shinkfield, A. J. (1987). *Evaluación sistemática. Guía teórica y práctica.* Barcelona: Paidos/MEC.

Gascón, J (1994). *El papel de la resolución de problemas en la enseñanza de la matemática.* En revista: Educación Matemática. Vol 6.No.3.Dic.

Felipe, A.; Gallarreta, S. y Merino, G. (1998). *Capacidades intelectuales en el nivel universitario: su diagnóstico mediante pruebas de lápiz y papel.* Contexto Educativo. Revista de Educación y Nuevas tecnologías. Año IV. N° 24

Filmus, D. 1994. *El papel de la educación frente a los desafíos de las transformaciones científico-tecnológicas.* En: ¿Para qué sirve la Escuela?. Tesis Grupo Editorial Norma, Buenos Aires.

Felipe, A.; Gallarreta, S. and Merino, G. 1998. *Intellectual competences in the university level: capacity to form explicit hypothesis*

o

SIGNIFICADO PERSONAL DEL OBJETO MATEMÁTICO FUNCIÓN: DIAGNÓSTICO SOBRE ARTICULACIÓN ENTRE REGISTROS DE REPRESENTACIÓN

Boubée, C.; Delorenzi, O. ;Sastre Vázquez, P.; Rey, G.

RESUMEN: Este trabajo se enmarca en el Proyecto de Investigación que desarrollamos en el ISFD Nº 156 de la ciudad de Azul, Buenos Aires, denominado La cognición matemática: de los modelos mentales a los modelos conceptuales. El caso de las funciones: Contextualización y modelización, y que articula con otro Proyecto de Investigación de la Facultad de Agronomía de la UNCPBA: La enseñanza de la Matemática en una Facultad de Agronomía: una perspectiva desde la Teoría de los obstáculos epistemológicos.

El problema central del proyecto de investigación es el estudio de la relación entre modelos mentales y modelos conceptuales en la enseñanza de un objeto matemático particular: función, y su incidencia en la construcción del conocimiento conceptual en los alumnos, es decir, su significado personal.

En este trabajo presentamos los primeros resultados parciales del diagnóstico realizado a los alumnos ingresantes al Profesorado de Matemática, analizando los errores cometidos en la articulación de diferentes registros de representación de las funciones y la identificación de dominios de definición, así como también apreciaciones de los alumnos sobre la historicidad y necesidad de contextualización de la matemática.

Representa un primer acercamiento a la comprensión de los significados personales de los alumnos sobre el objeto función, y al análisis de sus modelos mentales.

INTRODUCCION

Este trabajo se enmarca en el Proyecto de Investigación que desarrollamos en el ISFD Nº 156 de la ciudad de Azul, provincia de Bs. As., denominado *La cognición matemática: de los modelos mentales a los modelos conceptuales. El caso de las funciones: Contextualización y modelización,* y que articula con otro Proyecto de Investigación de la Facultad de Agronomía de la Universidad Nacional del Centro de la Provincia de Buenos Aires, del que también las autoras somos partícipes: *La enseñanza de la Matemática en una Facultad de Agronomía: una perspectiva desde la Teoría de los obstáculos epistemológicos*.

Dicho proyecto de investigación se centra en la construcción de un modelo didáctico para la enseñanza de la matemática basado en la confrontación de las ideas intuitivas que los alumnos poseen sobre un tema tan básico pero tan amplio e importante como "función", y los conceptos teóricos de la matemática y su didáctica.

El problema central del proyecto de investigación es el estudio acerca de la relación entre modelos mentales y modelos conceptuales en la enseñanza de un objeto matemático particular: función, y su incidencia en la construcción del conocimiento conceptual en los alumnos, es decir, su significado personal.

El camino que se pretende recorrer en este proyecto parte de una **ciencia educativa crítica**, tanto en el plano de la teoría como de la investigación, apuntando a analizar situaciones y hallar para ellas, formas alternativas.

En esta investigación se parte de una visión reflexiva sobre el conocimiento científico, incorporando la discusión crítica como superadora de posiciones ingenuas, que se aleja de los dogmas e incorpora la imaginación, la crítica y la historia como elementos que hacen a la producción del conocimiento.

El desarrollo del proyecto intentará dar cuenta de las construcciones de pensamiento simplificado que han caracterizado a la enseñanza de la matemática, y en particular del tema "función", con el objetivo de poner en práctica una didáctica disciplinar regida por la complejidad, que no desconoce los conocimientos intuitivos de los educandos como el punto de partida para la reestructuración y construcción de los conocimientos.

Este trabajo en particular persigue como objetivo diagnosticar a los alumnos ingresantes al Profesorado de Matemática, identificando errores en la articulación de registros de representación de las funciones, así como también sus opiniones sobre la historicidad y la necesidad de contextualización de la matemática. Representa un primer acercamiento a la comprensión de los significados personales de los alumnos sobre el objeto función, y al análisis de sus modelos mentales.

MARCO TEÓRICO

Modelos Mentales y Modelos Conceptuales

En el marco de la Psicología Cognitiva resultan importantes los desarrollos de Johnson – Laird (1983) sobre Modelos Mentales. Para este autor los sujetos en vez de usar una lógica mental para razonar, usan modelos mentales.

Los modelos mentales son representaciones que los sujetos poseen sobre el mundo físico, que están ligados y limitados por el conocimiento y la experiencia. Y, que por otra parte, poseen un carácter funcional que le permiten al sujeto resolver una situación.

o

En realidad, según Johnson – Laird, (1983) "Cuando la gente comprende un discurso, construye un modelo esquemático de la situación descrita en el discurso. Tal representación se aleja de la estructura sintáctica de las oraciones, tanto en un lenguaje natural como mental."

Esta teoría, desde el punto de vista representacional, resulta muy potente y flexible. Parece efectivamente posible representar incluso muchos de los conocimientos científicos complejos mediante modelos mentales constituidos por sistemas de producción.

Pero deben diferenciarse los modelos mentales de los modelos conceptuales. Estos últimos son representaciones externas, compartidas por una determinada comunidad y consistentes con el conocimiento científico que esa comunidad posee.

Obviamente, los modelos mentales de un individuo son limitados por factores tales como su conocimiento y su experiencia previa con sistemas semejantes. Hay, por lo tanto, importantes diferencias entre los modelos conceptuales, que son representaciones externas bien delimitadas y definidas, y los modelos mentales que son representaciones internas cuyo compromiso básico es la funcionalidad para el sujeto, o sea, deben permitirle explicar y predecir aunque no necesariamente en forma correcta desde el punto de vista científico.

Aquí subyace la idea básica de que el modelo conceptual es un instrumento de enseñanza pero el instrumento de aprendizaje es el modelo mental. Naturalmente, el modelo mental puede ser muy semejante al modelo conceptual, aunque no necesariamente, pues la función del modelo mental es sólo la de permitir a su constructor dar significado al modelo conceptual que se le enseña y, por ende, al sistema físico modelado.

El no considerar los modelos mentales de los educandos, analizándolos como verdaderos obstáculos para el aprendizaje, que deben ser ampliados o modificados, ha constituido un verdadero problema a la hora de generar un efectivo cambio conceptual en los alumnos, pues se desconocen las propias representaciones y "teorías" que ellos poseen. En consecuencia, el alumno ha aprendido el "oficio de alumno", pero no ha generado un verdadero cambio conceptual que le permita transitar de una simplicidad intuitiva a una complejidad conceptual. Esto puede observarse fácilmente al solicitarles argumentaciones y justificaciones sobre sus procesos.

Significado Institucional y Significado Personal: Teoría de las Funciones Semióticas

Desde el punto de vista teórico específico de la educación matemática el proyecto se enmarca en la Teoría de las Funciones Semióticas (TFS). Godino y colaboradores (Godino y Batanero, 1994; Godino 2003) han desarrollado un conjunto de nociones teóricas que configuran un enfoque ontológico semiótico de la cognición matemática, asignando un papel fundamental al

o

lenguaje, a los procesos de comunicación e interpretación y a la variedad de objetos intervinientes. En esta teoría se considera a los objetos matemáticos (OM) como entidades emergentes de los sistemas de prácticas realizadas en un campo de problemas, y por lo tanto, son derivados de dichas prácticas.

Los objetos matemáticos se pueden considerar como entes abstractos que emergen progresivamente de sistemas de prácticas socialmente compartidas en una institución, ligadas a la resolución de cierto campo de problemas matemáticos.

La práctica, en sentido amplio, puede entenderse como la manipulación de ostensivos y del pensamiento que la acompaña. Las prácticas como las que se realizan en una institución escolar tienen un componente público (hay manipulación de ostensivos y, por tanto, observables) y un componente privado (manipulación de representaciones mentales no ostensivas y no observables).

Para la TFS, la dialéctica personal – institucional se convierte en una cuestión central y el alumno pasa de ser un alumno individual a ser un alumno – en – una – institución, lo que obliga a distinguir entre objetos personales y objetos institucionales y a problematizar estas dos clases de objetos y la relación entre ellos.

Para Godino y Batanero (1994) los objetos matemáticos personales son emergentes del sistema de prácticas personales significativas asociadas a un campo de problemas. Esos objetos van emergiendo en un aprendizaje suscitado por la propia práctica, y el sujeto tiene conciencia subjetiva de ellos, es decir, puede realizar prácticas discursivas sobre los mismos. El objeto personal supone haber establecido una conexión entre acciones potenciales y fines, conexión mediada simbólicamente.

Teoría de los Campos Conceptuales

Vergnaud desarrolla una teoría de los campos conceptuales, teoría cognitiva neo – piagetiana que pretende ofrecer un referencial más fructífero que el piagetiano para el estudio del desarrollo cognitivo y del aprendizaje de competencias complejas.

La teoría de los campos conceptuales destaca que la adquisición de conocimientos es moldeada por las situaciones y problemas previamente dominados y que ese conocimiento tiene, por tanto, muchas características contextuales. Así, muchas de nuestras concepciones vienen de las primeras situaciones que fuimos capaces de dominar o de nuestra experiencia tratando de modificarlas. Ahora bien, existe una distancia considerable entre las invariantes que construye el sujeto al interactuar con el medio y las invariantes que constituyen el conocimiento científico.

Para Vergnaud, el pensamiento sólo es conceptual si obedece simultáneamente a criterios de orden teórico y práctico. Una simple conducta, aunque sea adaptada no es conceptual; pero un discurso teórico tampoco es conceptual a menos que de lugar a una conducta adaptada a la

o

situación a la que se aplica el discurso. Una práctica lograda por entrenamiento o acondicionamiento no es un concepto, pero un concepto que no sea operativo tampoco lo es.

Vergnaud define un nuevo concepto teórico, el de "campo conceptual". "Un campo conceptual es un espacio de problemas o de situaciones-problemas cuyo tratamiento implica conceptos y procedimientos de varios tipos en estrecha conexión" (Vergnaud, 1990).

El concepto de campo conceptual postula un enfoque sistémico de la práctica educativa, y plantea una posición crítica respecto de la habitual fragmentación o atomización de los contenidos escolares que se realiza en el currículo a fines de organizar la enseñanza.

Para Vergnaud el papel del conocimiento previo de los alumnos, no considerado como concepción errónea o ingenua, sino como precursor de nuevos conocimientos, posee un valor importante. Refleja que los conocimientos en acción que poseen los sujetos pueden evolucionar, a lo largo del tiempo, hacia los conocimientos científicos.

Aunque la TFS introduce la parte institucional en la formación del significado de un objeto matemático, y la teoría de los campos conceptuales no, lo que dificulta el estudio de la dialéctica entre las dimensiones personales e institucionales de la cognición matemática, en el aspecto cognitivo personal existen amplios acuerdos entre ambas teorías.

El concepto de función: articulación entre registros de representación

El concepto de función permite modelizar múltiples situaciones del mundo real, relacionando variables diversas. De esta manera, se posibilita el análisis de las situaciones desde un punto de vista dinámico, lo que permite sacar conclusiones y formular generalizaciones.

Este concepto puede admitir representaciones en diferentes registros, con diversos alcances y limitaciones, y la articulación entre los mismos facilitará el aprendizaje conceptual. Dicha articulación forma parte del significado del OM función, pero no lo agota.

Se han realizado muchas investigaciones para precisar el término *representación* y para estudiar el papel que juegan las diferentes representaciones en el proceso de comprensión de los contenidos matemáticos (Font, 2001). La mayoría de las investigaciones acuerdan en que la naturaleza de las representaciones matemáticas ostensivas influye en el tipo de comprensión generada en el alumno, y también, el tipo de comprensión del alumno determina el tipo de representación ostensiva que puede utilizar.

Las investigaciones sobre la enseñanza-aprendizaje de las funciones han servido para mostrar la importancia de la traducción entre diferentes representaciones. Janvier (1987), en sus trabajos sobre el concepto de función, considera que las representaciones (aquí llamadas

o

representaciones ostensivas) asociadas al concepto de función se pueden clasificar en cuatro clases (expresión verbal, tabla, gráfica, y expresión analítica) y que, aunque idealmente contienen la misma información, ponen en función diferentes procesos cognitivos, cada uno de ellos estrechamente relacionado con los otros.

Janvier, entre otros, considera que el aprendizaje de las funciones no se ha de limitar al de una sola de estas formas de representación, sino que ha de incluir la capacidad de traducir la información de una representación a otra.

Las diferentes formas ostensivas que pueden representar a un objeto matemático (o sistema organizado de objetos) son el resultado de una larga historia en la que, en algunos casos, una nueva forma de representación plasma un nuevo programa de investigación.
Un cambio de notación puede activar un sentido diferente que puede facilitar o dificultar la resolución de cierta actividad, y dotar de un significado particular al concepto. Por ende, las diferentes representaciones ostensivas de los objetos matemáticos y las traducciones entre ellas son un elemento fundamental para su comprensión y, por tanto, para su enseñanza y aprendizaje.

Siguiendo el análisis efectuado por Font (2001), se describe que cada una de las cuatro formas de representar una función tiene una génesis histórica diferente y, por lo tanto, un estudio histórico de los métodos y procedimientos que se han utilizado para calcular la expresión analítica a partir de gráficas, puede dar ideas utilizables en el aula.

Si bien las curvas están presentes en toda la historia de las matemáticas, uno de los momentos en que se plantea claramente el paso de la gráfica de la curva a su expresión simbólica es en el momento del nacimiento de la Geometría Analítica.

Los trabajos de Descartes son muy interesantes porque parten de las dos Metáforas Clásicas sobre las curvas (utilizando el término metáfora tal como lo utilizan Lakoff y Nuñez, 2000, que consideran que la esencia de la metáfora es entender y experimentar un tipo de cosa en términos de otra):

• las curvas son secciones; y,
• las curvas son la traza que deja un punto que se mueve sujeto a determinadas condiciones;
para añadir una tercera:
• las curvas son la traza que deja un punto que se mueve sujeto a determinadas condiciones.

El análisis de estas condiciones permite encontrar una ecuación que cumplen los puntos de la curva.

Hasta principios del siglo XIX, cuando Cauchy empieza la reorganización del análisis infinitesimal, esta última metáfora es la que se puede encontrar en los libros de análisis infinitesimal. Es decir, hasta la aritmetización del análisis, las gráficas de funciones eran

o

consideradas como la trayectoria descrita por un punto en movimiento, la cual se podía expresar por una fórmula. Estas visiones estaban impregnadas de una fuerte impronta física.

A partir de los trabajos de Fourier, Cauchy y Dirichlet, entre otros, se aceptaron como gráficas de funciones curvas que no podían ser trayectorias. Con la posterior aplicación de la teoría de conjuntos a las funciones, terminó de tomar forma la metáfora conjuntista:

• La gráfica de una función f es el conjunto formado por los puntos x de coordenadas $(x; f(x))$.

Este análisis histórico permite comprender que el concepto de función, como todo concepto matemático en particular y científico en general, posee su propia génesis histórica, y su evolución se ha dado bien construyendo sobre concepciones previas, o bien contra ellas, y que conviene considerar las diferentes metáforas que históricamente han estructurado el concepto de gráfica de una función para diagramar actividades con los alumnos y analizar sus concepciones. Pero el componente histórico generalmente está ausente en la clase de matemática, o simplemente se lo incluye de modo anecdótico y no como muestra de los obstáculos que los hombres han sorteado en la evolución de la ciencia.

METODOLOGIA

Sin olvidar ninguno de los polos (institucional y personal) mencionados en la TFS, uno puede privilegiar el análisis de uno sobre el otro en diferentes momentos de la investigación. Así, nuestro proyecto de investigación consta de diferentes etapas, no aisladas entre sí, sino muchas veces recursivas ya que a la luz del análisis en alguna de ella, pueden desprenderse modificaciones en otras. Las etapas son:

- Etapa 1: Mesa de trabajo sobre desarrollos teóricos: epistemológicos, de psicología cognitiva, de didáctica especial, de historia de la matemática, etc.
- Etapa 2: Análisis de textos: de nivel Polimodal / Secundario, referidos al tema Función.
- Etapa 3: Diseño metodológico: preparación de encuestas, entrevistas, cuestionarios. Elección de variables, construcción de indicadores.
- Etapa 4: Diagnóstico del grupo de trabajo: Se realizará al comenzar el ciclo lectivo, con los alumnos ingresantes.
- Etapa 5: Aplicación de encuestas – Diseño de actividades: Se llevarán a cabo durante un ciclo lectivo completo.
- Etapa 6: Elaboración de corpus teórico: elaborado a partir de lo seleccionado en la mesa de trabajo.
- Etapa 7: Interpretación de los datos: análisis e interpretación de los datos obtenidos en el trabajo de campo a partir del corpus teórico.
- Etapa 8: Elaboración de estados de avances: los mismos constituirán insumos para presentar trabajos en Congresos de la especialidad o de investigación educativa.
- Etapa 9: Elaboración de conclusiones finales: respondiendo a los objetivos planteados, incluyendo propuestas de alternativas.

o

Este trabajo muestra resultados correspondientes a la Etapa 4, aunque no de manera completa y definitiva. Se están trabajando también las etapas 1 y 2, y elaborando estados de avances (etapa 8). La unidad de análisis la constituyen los alumnos ingresantes al Profesorado de Matemática para EGB 3 y Polimodal, del año 2006, de la Institución en que se desarrolla el proyecto, aunque en una etapa posterior, podrá ampliarse el universo de estudio al resto de los alumnos de dicha carrera, e incluso a alumnos de primer año de carreras universitarias (no matemáticas) de la Facultad con que articula dicho proyecto de investigación.

Se prevén acciones futuras para completar la Etapa 4, tales como entrevistas y cuestionarios, tendientes a completar el diagnóstico del grupo de trabajo, haciendo hincapié en la identificación y análisis de sus modelos mentales, para comprender los significados personales sobre el OM función en estos alumnos.

RESULTADOS

A continuación se presentan los resultados obtenidos para dos de las ocho actividades de diagnóstico consideradas. El enunciado de la Actividad 1 fue el siguiente: "Te presentamos aquí distintas formas de expresar funciones: gráficos cartesianos, tablas de valores, expresión algebraica, y también posibles dominios de definición. Completa la siguiente tabla con el/los números/s correspondiente/s en cada caso (puedes dejar celdas vacías, o escribir más de un número por celda si correspondiera)". Luego se le presentaban al alumno seis gráficos de funciones, diferentes tablas de valores y expresiones algebraicas correspondientes a dichas funciones, y posibles conjuntos numéricos (expresados de diferentes modos) como dominios de definición. Debían establecer una correspondencia entre los diferentes registros de una misma función (numerados todos ellos), volcando sus respuestas en una tabla.Categorizando las respuestas de los alumnos como BIEN, NO RESPONDE, y CON ERRORES, los siguientes gráficos muestran los resultados para las articulaciones entre registro gráfico con registro tabla y expresión algebraica, y el reconocimiento del dominio de definición. Cabe aclarar que la identificación de respuestas "con errores" busca hacer una clasificación de los mismos y un análisis posterior, siempre tendiendo a la comprensión de los significados personales de los alumnos y a la identificación de sus modelos mentales.

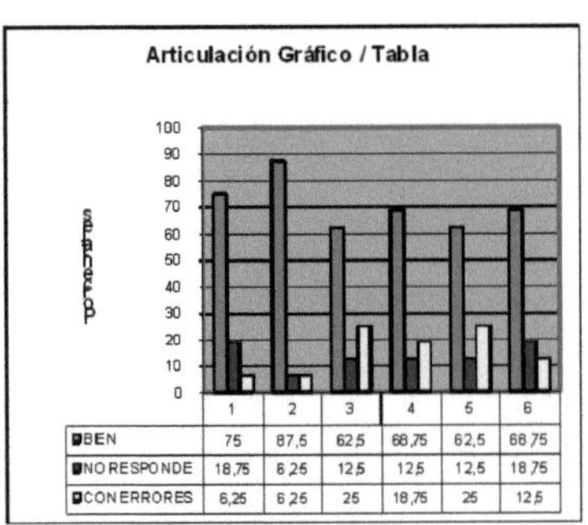

	1	2	3	4	5	6
BIEN	75	87,5	62,5	68,75	62,5	68,75
NO RESPONDE	18,75	6,25	12,5	12,5	12,5	18,75
CON ERRORES	6,25	6,25	25	18,75	25	12,5

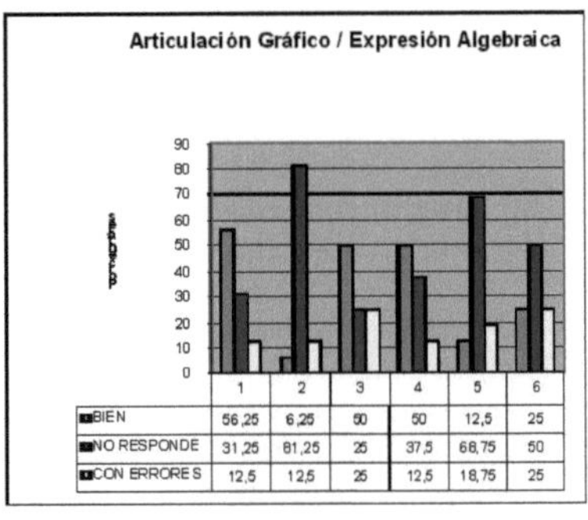

	1	2	3	4	5	6
BIEN	56,25	6,25	50	50	12,5	25
NO RESPONDE	31,25	81,25	25	37,5	68,75	50
CON ERRORES	12,5	12,5	25	12,5	18,75	25

Gráfico 1: Articulación Gráfico / Tabla

Gráfico 2: Articulación Gráfico / Expresión Algebraica.

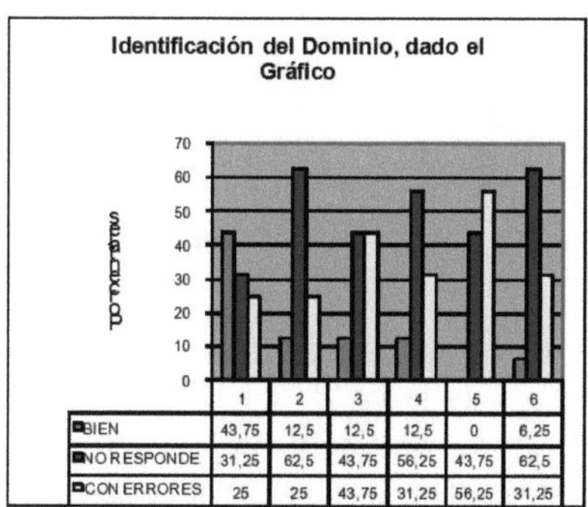

	1	2	3	4	5	6
BIEN	43,75	12,5	12,5	12,5	0	6,25
NO RESPONDE	31,25	62,5	43,75	56,25	43,75	62,5
CON ERRORES	25	25	43,75	31,25	56,25	31,25

Gráfico 3: Identificación del Dominio, dado el Gráfico.

Posteriormente, se analizaron sólo las respuestas CON ERRORES, para identificar los tipos de errores cometidos. En la siguiente tabla (Tabla 1) se da una descripción (en cuanto a tipo de función y dominio de definición) para cada uno de los seis gráficos presentados a los alumnos, y se muestran los errores cometidos, tanto en la articulación entre registros como en la identificación del dominio.

		Errores en Articulación Gráfico con:		
Gráfico N°	**Descripción**	**Tabla**	**Expresión Algebraica**	**Dominio**
1	FL. Dominio: R	FP	FE	N. Q. Z
2	FL. Dominio: N	FP. Dominio: R+	FE	R+. Z
			FP	
3	FC. Dominio: R	Dominio: N	FE	R+. Z. N
		FE	FL	
4	FE. Dominio: R	FC	FP	R+. Q
		FC. Dominio: N.	FC	

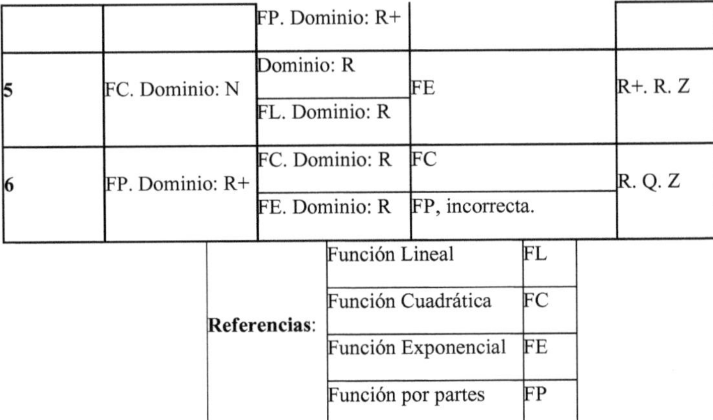

		FP. Dominio: R+		
5	FC. Dominio: N	Dominio: R FL. Dominio: R	FE	R+. R. Z
6	FP. Dominio: R+	FC. Dominio: R	FC	R. Q. Z
		FE. Dominio: R	FP, incorrecta.	

Referencias:	Función Lineal	FL
	Función Cuadrática	FC
	Función Exponencial	FE
	Función por partes	FP

Tabla 1: Errores de los alumnos.

En la Actividad 4 se presenta un cuestionario con escala valorativa, con enunciados referidos a la matemática, buscando identificar concepciones de los alumnos ingresantes, y futuros profesores, sobre la misma. Los enunciados son similares a los considerados por Ramos y Font (2004) pero en ese caso se implementó con profesores. Consideramos interesante repetir esta experiencia con los alumnos del profesorado, ya que está muy relacionada la forma de ver o definir la matemática en general con la forma de aprenderla y enseñarla.

En este trabajo mostraremos los resultados obtenidos para los enunciados d) e) y f), ya que nos permiten indagar sobre concepciones de los alumnos en cuanto a contextualización de la matemática y uso de su historia, componentes que consideramos importantes en el estudio de la matemática.

- Actividad 4: A continuación se te ofrecen una serie de enunciados, indica tu grado de aceptación, en cada caso, según el siguiente convenio: 1 Totalmente en desacuerdo; 2 En desacuerdo; 3 Neutral (ni de acuerdo ni en desacuerdo); 4 De acuerdo; 5 Totalmente de acuerdo.

d) Conviene presentar los conceptos matemáticos de la manera más general posible y separada de los contextos que les dan sentido, para así evitar las dificultades de comprensión que la presentación contextualizada pudiese producir.

e) Conviene presentar unas matemáticas centradas sobre ellas mismas y muy alejadas de las otras ciencias.

f) La historia de la matemática puede conocerse de modo anecdótico, pero no es relevante para la comprensión de la matemática.

El siguiente gráfico (Gráfico 4) muestra los resultados obtenidos en esta actividad, indicando los porcentajes de cada respuesta valorativa, para los items mencionados.

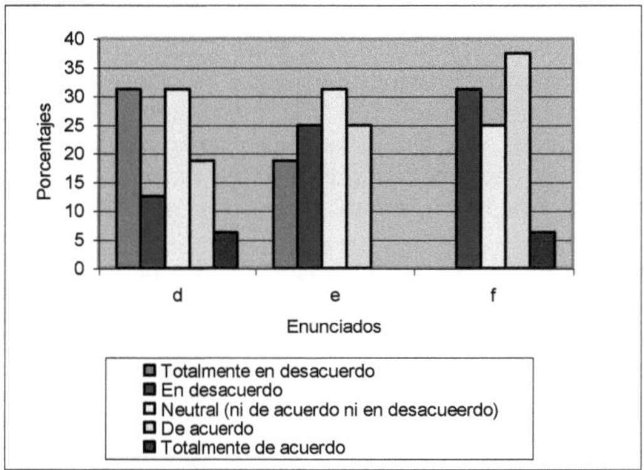

	Grado de aceptación (%)				
Enunciado	**1**	**2**	**3**	**4**	**5**
d	31,25	12,5	31,25	18,75	6,25
e	18,75	25	31,25	25	0
f	0	31,25	25	37,5	6,25

Gráfico 4: Resultados de la Actividad 4, para items d), e) y f).

CONCLUSIONES

En esta primera etapa del Proyecto de Investigación en la que se llevó a cabo el diagnóstico del grupo de alumnos ingresantes al Profesorado de Matemática del ISFD Nº 156 de Azul, en particular sobre las concepciones de los mismos sobre la matemática y la posibilidad de articulación entre registros de representación de las funciones, se arriba a las siguientes conclusiones:

- La mayoría de los alumnos articula bien el registro gráfico con la tabla de valores para todos los tipos de funciones presentados, pero un 25% comete errores en dicha articulación cuando la función es cuadrática (tanto de dominio real o natural) y un 18,8%, cuando la función es exponencial.

o

- Un alto porcentaje de alumnos no responde la actividad referida a la articulación entre gráfico y expresión algebraica, y la mayoría de los errores (25%) se encuentran al trabajar con función cuadrática de dominio real y función definida por partes.
- Al tener que identificar el dominio correspondiente a un gráfico dado, nuevamente un alto porcentaje de alumnos no responde. El mayor porcentaje de errores se da en la identificación del dominio para la función cuadrática: 56,3% lo hace mal, si el dominio es el conjunto de los números naturales, y 43,8%, si son los números reales.
- De la categorización de errores se desprende confusión entre función cuadrática y función exponencial mayoritariamente, y problemas generales para la identificación del dominio.
- Del grado de aceptación de enunciados que postulan la enseñanza de la matemática alejada de los contextos en que se originaron o aplican conceptos matemáticos, y de la poca importancia asignada a la historia de la matemática, se desprende una visión descontextualizada y ahistórica de la misma, coherente con un modelo de enseñanza de la matemática tradicional.

El trabajo aquí presentado es una primera parte diagnóstica, incompleta aún, que conjuntamente con entrevistas y cuestionarios permitirán determinar los significados personales que los alumnos poseen del OM función, analizando sus modelos mentales y las brechas con los modelos conceptuales, identificando también concepciones alternativas o errores sistemáticos y su posible relación con obstáculos de tipo epistemológico, propios del saber en juego.

Para terminar recordemos una importante reflexión, con la que coincidimos ampliamente, de Higueras (1998): "Tanto se ha descompuesto el objeto función en segmentos para su enseñanza, que el alumno no logra unificarlos dándoles una significación global."

BIBLIOGRAFÍA

DUVAL, R. 1993. Registros de representación semiótica y funcionamiento cognitivo del pensamiento. Departamento de Matemática Educativa del Cinvestav – IPN, México.

FONT, V. 2001. Reflexiones didácticas desde y para el aula. Expresiones simbólicas a partir de gráficas. El caso de la parábola. *REVISTA EMA*, Vol. 6, Nº 2, 180-200.

GODINO, J. D. 2003. *Teoría de las funciones semióticas. Un enfoque ontológicosemiótico de la cognición e instrucción matemática.* Monografía de Investigación para el Concurso a Cátedra de Universidad. Departamento de Didáctica de la Matemática. Universidad de Granada. Recuperable en: http://www.ugr.es/local/jgodino

GODINO, J. D.; BATANERO, C. 1994. Significado institucional y personal de los objetos matemáticos. *Recherches en Didactique des Mathématiques*, Vol. 14, nº 3: 325 - 355.

o

JANVIER, C. 1987. Translation processes in mathematics educatio*n,* en Janvier, C. (ed.): *Problems of representation in the teaching and learning of mathematics* (págs. 27-32*).* Hillsdale, New Jersey : Lawrence Erlbaum A.P.

JOHNSON-LAIRD, P. 1983. Mental models. Cambridge: Cambridge University Press.

JOHNSON-LAIRD, P. 1990b. El ordenador y la mente. Barcelona, España: Paidós.

LAKOFF, G.; NÚÑEZ, R. 2000. *Where mathematics comes from: How the embodied mind brings mathematics into being.* New York: Basic Books.

MOREIRA, M. A. 1997. Modelos mentais. *Investigações em Ensino de Ciência*s, Porto Alegre, 1(3): 193-206.

RAMOS, A. B.; FONT, V. 2004. Creencias y concepciones del profesorado y cambio institucional. El caso de la contextualización de funciones en una facultad de ciencias económicas y Sociales. *Actas III. Congreso Internacional Docencia Universitaria e Innovación*. Girona

RUIZ HIGUERAS, L. 1998. La noción de función. Análisis epistemológico y didáctico. España. Editorial de la Universidad de Jaén.

VERGNAUD, G. 1990. La théorie des champs conceptuels. *Recherches en Didactiques des Mathématiques*, Vol. 10, n. 2,3, pp. 133-170.

o

APROXIMACIONES AL SIGNIFICADO INSTITUCIONAL DE "FUNCIÓN", A PARTIR DE SU DEFINICIÓN, EN DIFERENTES LIBROS DE TEXTO

Sastre Vázquez, P.; Boubée, C.; Rey, G. Cañibano, A.;
Delorenzi, O.; Villacampa, Y.

RESUMEN: Este trabajo se desarrolla en el marco del Proyecto de Investigación "La enseñanza de la Matemática en una Facultad de Agronomía: una perspectiva desde la Teoría de los obstáculos epistemológicos", y articula con el Proyecto de Investigación del ISFD N° 156 de Azul denominado "La cognición matemática: de los modelos mentales a los modelos conceptuales. El caso de las funciones: Contextualización y modelización".

Su objetivo es comparar las aproximaciones de dos libros representativos de distintos momentos históricos utilizados en la enseñanza preuniversitaria, sobre el objeto matemático (OM) "función", a partir de su definición, con el fin de determinar si existen diferencias en el significado institucional de dicho OM.

Sobre la base de la Teoría de las Funciones Semióticas (Godino y Batanero, 1994; Godino, 2003) se aborda el análisis macroscópico de los procesos de enseñanza y aprendizaje de las matemáticas, a través de la elaboración del constructo "significado de los objetos matemáticos". Se inicia dicho análisis abordando, en particular, el significado institucional de referencia para el OM función, a través de la aplicación del análisis semiótico de libros de texto.

INTRODUCCION

Este trabajo se desarrolla en el marco del Proyecto de Investigación: "La enseñanza de la Matemática en una Facultad de Agronomía: una perspectiva desde la Teoría de los obstáculos epistemológicos". Se persigue como objetivo confrontar las diversas aproximaciones de diferentes libros representativos de distintos momentos históricos, utilizados en la enseñanza de la matemática preuniversitaria, sobre el objeto matemático (OM) "función", a partir de su definición, con el fin de determinar si existen diferencias en el significado institucional de dicho OM.

El proyecto se basa fundamentalmente en el modelo de la cognición matemática designado como Teoría de las Funciones Semióticas (TFS) (Godino y Batanero, 1994; Godino, 2003). En términos generales, este modelo comprende tres etapas destinadas al estudio de las diversas formas de conocimiento matemático y sus interacciones en los sistemas didácticos. En la primera de ellas se aborda el análisis macroscópico de los procesos de enseñanza y aprendizaje de las matemáticas, a través de la elaboración del constructo "significado de los objetos matemáticos" (institucional y personal). La segunda etapa corresponde al análisis microscópico de la realización de tareas matemáticas y de los actos de comunicación en la interacción didáctica. La tercera es el esbozo de una teoría de la instrucción matemática

o

significativa, entendida como un proceso multidimensional, distinguiendo cuatro subtrayectorias: epistémica (relativa al conocimiento institucional), docente (funciones del profesor), discente (funciones del estudiante) y mediacional (relativa al uso de recursos instruccionales).

En la búsqueda de un enfoque unificado de la cognición y la instrucción matemática, la TFS se apoya, concuerda y muestra complementariedades con otras teorías y enfoques de investigación en didáctica de la matemática, particularmente con la Teoría Antropológica (Chevallard, 1991), la Teoría de las Situaciones Didácticas (Brousseau, 1986), y la Teoría de los Campos Conceptuales (Vergnaud, 1990; 1998).

Los objetos matemáticos (OM) se pueden considerar como entes abstractos que emergen progresivamente de sistemas de prácticas socialmente compartidas en una institución, entendiendo "institución" en sentido amplio (escuela, libro de texto, una clase, etc.), ligadas a la resolución de cierto campo de problemas matemáticos. El significado de un OM no puede reducirse a su definición, sino que deben tenerse en cuenta también las situaciones problemas en los cuales interviene como herramienta de resolución y los medios de expresión que le corresponden.

La noción de significado en la TFS acepta dos dimensiones: la personal (o cognitiva) y la institucional (o epistémica), en tanto se refiera a manifestaciones idiosincrásicas de un sujeto en particular o como producto de prácticas sociales compartidas que dependen del tiempo (Godino y Batanero, 1994).

En el análisis de los significados institucionales de un OM, se incluyen cuatro tipos:

a. El significado institucional de ***referencia***, que es un constructo difícil de delimitar, que resulta de diferentes componentes: el significado del concepto según los "expertos", la historia de dicho objeto, las orientaciones curriculares, los diferentes libros de texto, los significados personales de los profesores acerca del OM, etc.
b. El significado institucional ***pretendido***, aquello que el profesor se propone enseñar en determinada circunstancia, atendiendo a los significados previos de los estudiantes, el tiempo y los medios disponibles, etc.
c. El significado institucional ***implementado***, que es el sistema de prácticas (operativas y discursivas) que efectivamente tienen lugar en el aula.
d. El significado institucional ***evaluado,*** que se pone en juego en los procesos de evaluación y que será una muestra (que se espera representativa) del significado implementado.

Centrándonos en el significado institucional de referencia, queda claro que el mismo no reside ni en una sola persona, ni sólo en la institución considerada, ni en un único libro de texto, sino que está distribuido entre diferentes personas, instituciones, libros de texto, programas informáticos, etc. Esto hace que sea difícil de determinar, y además, en cierta manera está

o

implícito en todo el proceso (metafóricamente se puede decir que el significado de referencia juega el mismo papel que "el conjunto universal" en la teoría de conjuntos).

Al ser tan amplio y distribuido, una primera aproximación al análisis del significado institucional puede hacerse a partir de los libros de texto de uso más frecuente. Para el análisis de los libros de texto se utiliza en este trabajo la técnica del análisis semiótico, que permite caracterizar significados de un OM e identificar potenciales conflictos semióticos en la interpretación del texto en un proceso de estudio o en la realización efectiva de una interacción didáctica.

METODOLOGIA

Se seleccionaron dos libros de textos destinados al nivel polimodal / secundario, actualmente vigentes y representativos de dos momentos históricos distintos, identificados en este trabajo como *Libro A* (1ª edición - 2005) y *Libro B* (17ª edición –1980), que incluyeran la definición de Función. (En el libro A: pág. 11 a 14 con el título: Funciones y en el libro B: pág. 21 a 26 con el título: Noción de Función).

La metodología utilizada para el análisis en cada uno de los textos consistió básicamente, en una lectura analítica de los mismos, tratando de recoger todos los aspectos relacionados con el contenido para identificar las unidades y subunidades de análisis, según la técnica de análisis semiótico, y clasificar la información atendiendo a los siguientes apartados: a) *praxis* (situaciones problemas), b) *lenguaje* (vocablos, notaciones, gráficos) y c) *contenido* (conceptos, definiciones, propiedades, argumentos).

Debemos aclarar que si bien todas las palabras y expresiones lingüísticas tienen la consideración de entidades ostensivas, esto es, son algo que se muestra por sí mismo, en nuestro análisis sólo resaltaremos aquellos ostensivos que son específicos del campo de las funciones.

La Unidad de Análisis elegida fue el bloque de contenido que incluyera la *Definición de Función*, sin considerar otros conceptos, aunque también aportan a su significado, tales como Dominio, Rango, Raíces, etc, ni el análisis particular de cada uno de los registros de representación, como gráfico, tabla, etc.

Como Subunidades de Análisis se seleccionaron los párrafos significativos en relación con el contenido, ya que de acuerdo con nuestros supuestos teóricos, los conceptos incluyen también las situaciones en las que son presentados y las representaciones que les son asociadas.

Cada Subunidad de Análisis se clasificó según las categorías indicadas para la variable *V1:*

o

V1: Tipología de la subunidad de análisis: 1) definición, 2) argumentación, 3) demostración, 4) propiedad, 5) ejemplo[1] introductorio, 6) ejemplo después de la definición, 7) ejercicio[2] introductorio, 8) ejercicio después de la definición, 9) presentación del tema y 10) información anexa.

Para cada una de las Subunidades de Análisis se consideraron las siguientes variables, cuando correspondiera*:*

- Variables de Praxis

  - *P1: Tipo de actividad:* 1) identificar variables, 2) calcular, 3) reconocer, 4) discriminar, 5) escribir ejemplos, 6) demostrar, 7) comprobar propiedades, 8) interpretar, 9) graficar, 10) manejar tablas.
  - *P2: Contexto del enunciado de la subunidad:* 1) biología, 2) física, 3) vida cotidiana, 4) intramatemático, 5) remite a actividades anteriores.
  - *P3: Clase de argumentación utilizada:* 1) completa, 2) rigurosa o matemática completa, 3) no justifica el resultado, 4) presenta justificaciones alternativas, 5) incompleta, 6) matemática incompleta.
  - *P4: Método utilizado:* 1) silogismo, 2) reducción al absurdo, 3) inducción completa, 4) explica en forma verbal.
  - *P5: Claridad de los pasos:* 1) muy claros, 2) poco claros, 3) confusos[3].
  - *P6: Corrección de los pasos:* 1) correctos, 2) incorrectos.
  - *P7: Idea global del proceso seguido:* 1) explicita el proceso, 2) no explicita.
  - *P8: Existencia de información no necesaria:* 1) si, 2) no.

- Variables del lenguaje

  - *L1: Claridad del enunciado:* 1) muy claro, 2) poco claro, 3) confuso[4].
  - *L2: Corrección del enunciado:*1) correcto, 2) incorrecto.
  - *L3: Forma de presentación de la información*: 1) numérica, 2) verbal, 3) simbólica, 4) tabla, 5) gráfico, 6) diagrama, 7) fotos, dibujos, 8) diagrama de Venn, 9) grafos[5].

---

[1] Se consideran *ejemplos* a las descripciones de situaciones en que se aclara el significado de los conceptos introducidos teóricamente así como los problemas que se presentan resueltos.

[2] Se consideran *ejercicios* todas aquellas actividades que con distintos títulos (como problemas, actividades, ejercicios) se presentan para que el alumno las resuelva.

[3] Para esta variable, se considera "confuso" a la falta de claridad por motivos tales como: desorganización, alteración, de difícil comprensión, omisiones, excesiva complejidad.

[4] Se considera "confuso" al enunciado desordenado, complejo, que se presta a diferentes interpretaciones, vago, incomprensible por el léxico inadecuado para los destinatarios del texto.

[5] Diagramas de flechas.

o

- *L4: Expresiones usuales y específicas que utiliza: (conectivas lógicas, palabras de enlace, etc.):* 1) Incluye expresiones específicas del lenguaje matemático, 2) no incluye expresiones específicas del lenguaje matemático.
- *L5: Complejidad sintáctica:* 1) muy compleja, 2) compleja, 3) simple, 4) muy simple.
- *L6: Listado de vocablos matemáticos utilizados, aunque no los defina.*
- *L7: Listado de símbolos*

- Variables de contenido

- *C1: Modelo de definición de función al que se hace referencia explícita o implícitamente:* 0) relación entre dos variables, 1) relación entre dos variables numéricas, 2) relación entre un conjunto arbitrario y los números reales, 3) relación entre dos conjuntos arbitrarios, 4) conjunto de pares ordenados, 5) proceso de entrada y salida.
- *C2: Presencia de consideraciones histórica*: 1) si, 2) no.
- *C3: Presencia de errores:* 1) presenta errores tipográfico, 2) no presenta errores tipográficos, 3) presenta errores conceptuales, 4) no presenta errores conceptuales.
- *C4: Conceptos:* listado.
- *C5: Propiedades:* listado.

Esta técnica de análisis se aplicó en cada uno de los libros de texto seleccionados, permitiendo la comparación de los resultados.

ANÁLISIS DE RESULTADOS

En la siguiente tabla (Tabla 1) se muestran los resultados obtenidos al estudiar la unidad de análisis en ambos libros, dividiéndolas en subunidades, y luego las caracterizaciones de las variables de praxis, lenguaje y contenido que se desprenden de la categorización de las distintas variables.

LIBRO A	*LIBRO B*
Subunidades de análisis	
Se categorizaron nueve subunidades de análisis con una amplia variedad en la tipología: comienza con un relato como	Se categorizaron doce subunidades de análisis con muy poca variedad en cuanto a su tipología, repitiéndose la secuencia que

presentación del tema, luego ejemplos introductorios, un ejercicio introductorio, definición, ejemplo después de la definición y un ejercicio después de la definición. Además hay un anexo que corresponde a una historieta cómica relacionada al tema.	comienza con una definición y sigue con ejemplo/s después de la definición.
Entre las distintas tipologías hay predominancia de la correspondiente a ejemplos introductorios.	En cuanto a las proporciones de ambas tipologías hay una predominancia de ejemplos posteriores a las definiciones.
Existe solo una subunidad categorizada como definición, y aparece ocupando el sexto lugar del total de subunidades, después de la presentación del tema y de tres ejemplos y un ejercicio, todos introductorios.	La unidad de análisis se inicia con una definición. Aparecen un total de cuatro subunidades clasificadas como definiciones y las restantes, que aparecen a continuación de cada una de las anteriores, son ejemplos.
	No se encuentran subunidades referidas a ejemplos introductorios ni ejercicios previos y/o posteriores a las definiciones.
Variables de Praxis	
Las tipologías de actividades que se encontraron corresponden a: interpretar, reconocer, identificar variables, calcular, discriminar, comprobar propiedades y manejar tablas.	En cuanto a las actividades, estas son de dos tipos: de interpretación y de reconocimiento.
Los contextos de los enunciados son variados: de la vida cotidiana, remitentes a actividades anteriores en el texto, intramatemáticos y un caso relacionado con la Biología.	Los contextos de los enunciados corresponden a intramatemáticos y de la vida cotidiana.
Se encontraron solo cuatro argumentaciones que fueron clasificadas dos de ellas como completas, una como matemática incompleta y la restante no justifica el resultado.	Hay abundante argumentación (en ocho subunidades) clasificadas como completas en su mayoría, aunque también aparecen una argumentación incompleta y otra que no justifica el resultado.
Respecto al método utilizado solo aparecen	Respecto al método utilizado solo aparecen

o

explicaciones en forma verbal.	explicaciones en forma verbal.
Hay variedad en la clasificación referida a la claridad de los pasos: dos casos se clasificaron como muy claros, uno como poco claro y otro caso como confuso.	Respecto a la claridad de los pasos, se clasificaron como poco claros en cuatro casos y muy claros en dos casos.
En todos los casos los pasos seguidos se clasificaron como correctos.	En todos los casos los pasos seguidos se clasificaron como correctos.
Hay una preponderancia de la explicitación de la idea global de los procesos seguidos.	Hay una preponderancia de la explicitación de la idea global de los procesos seguidos.
No hay presencia de información considerada como no necesaria, aunque en algunos problemas se trabaja con una tercera variable en forma innecesaria. Sí se observan omisiones de notación simbólica y de expresiones matemáticas de los conceptos.	En general no hay presencia de información considerada como no necesaria; sólo se encontró una redundancia.
Variables de Lenguaje	
En la mayoría de las subunidades de análisis los enunciados son muy claros aunque se encontró un enunciado poco claro y otro clasificado como confuso porque se trata de un ejemplo donde se usa simbología desconocida hasta el momento: $f(x)$.	En nueve subunidades de análisis los enunciados son muy claros y en tres son poco claros.
La mayoría de los enunciados se encontraron como correctos, con una sola excepción.	Todos los enunciados se categorizaron como correctos.
Las formas de presentación de la información es muy variada: verbal, mediante gráficos, mediante fotos o dibujos, mediante tablas y simbólica.	La forma de presentación de la información es por lo general, verbal (en diez de las doce subunidades), simbólica en una subunidad y gráfica en otra. En algunas oportunidades la información de tipo verbal está acompañada de información simbólica y en un caso mediante diagramas de Venn. Solo en una subunidad se halló una gráfica (gráfico de proyecciones).

o

Incluye expresiones específicas del lenguaje matemático solo en cuatro subunidades: en el relato inicial ("Muchas de estas relaciones son funciones..."), en un ejemplo introductorio ("cuál es la mayor diferencia entre..."), en la definición ("a cada valor de la variable independiente le corresponde un ...") y en los ejemplos posteriores a la definición ("...porque a los números negativos no les corresponde ningún número real...")	Incluye en todas las subunidades expresiones específicas del lenguaje matemático.
La complejidad sintáctica utilizada es considerada mayoritariamente como simple y solo en un caso es compleja (en un ejemplo introductorio).	La complejidad sintáctica utilizada es considerada mayoritariamente simple y en un par de ejemplos es muy simple.
Vocablos matemáticos utilizados: gráficos, relaciones, variables, funciones, fórmulas matemáticas, predecir, ejes, punto, distancia entre curvas, correspondencia, variable independiente, variable dependiente, valor, correspondencia, número negativo, número real.	Vocablos matemáticos utilizados: relación, aplicación, función, elemento, dominio, corresponder, contradominio, imagen, conjunto, números naturales, aplicación, mitad, proyecciones, punto, plano, recta perpendicular, intersección, función numérica, diagrama de Venn, campo existencial, variable independiente, variable dependiente.
En un ejemplo después de una definición aparecen los únicos símbolos: $f(x)$ y $g(x)$ sin que haya ninguna explicación previa o simultánea de su significado.	Hay un variado listado de símbolos: x, y, $y = f(x)$, $y = 2x + 3$, etc. Hay explicaciones acerca de su significado (por ej. "la letra f indica..." ; "x designa..."; "y representa...").
Variables de Contenido	
Los modelos de definición de función a los que se hace referencia (explícita o implícitamente) son: relación entre dos variables y relación entre dos variables numéricas. Solo en un ejemplo se refiere a una relación entre un conjunto arbitrario y los	Los modelos de definición de función a los que se hace referencia (explícita o implícitamente) son: relación entre dos conjuntos arbitrarios y conjunto de pares ordenados. En un ejemplo aparece como relación entre dos variables y en una definición como relación entre dos variables

o

números reales.	numéricas.
No hay consideraciones históricas.	No hay consideraciones históricas.
Presenta un error tipográfico (un número con una cifra de más) y una omisión de unidades en los cálculos de un ejemplo introductorio.	No se encontraron errores tipográficos ni conceptuales.
Breve listado de conceptos, aunque no se definan: relaciones, variables, variable independiente, variable dependiente, función, fórmulas matemáticas.	Amplio listado de conceptos, aunque no se definan: relación, aplicación, elemento, dominio, contradominio, imagen, función, notación, no es función, proyecciones, traslaciones, rotaciones, simetrías, función numérica, variable dependiente, variable independiente.
Breve listado de propiedades.	Amplio listado de propiedades.

Tabla 1: resultados del análisis semiótico de los libros A y B.

A modo de síntesis, enunciamos como principales *diferencias*:

- Distinta secuenciación y variedad en la tipología de los párrafos significativos en relación al contenido. En el libro A la secuenciación es: relato de presentación – ejemplos introductorios – ejercicios introductorios – definición – ejemplos posdefinición – ejercicios posdefinición. En el libro B se reitera la secuencia definición – ejemplo/s posdefinición, con ausencia de ejercicios.

- En cuanto a las *variables de praxis*, se destaca la diferencia en cuanto a la tipología de las actividades: mientras que en el libro A se encuentra una amplia variedad, en el libro B solo existen actividades de interpretación y reconocimiento.
  En lo que se refiere a los contextos de los enunciados, se encuentra variedad de contextos en el libro A y solo enunciados intramatemáticos o relativos a la vida cotidiana en el libro B.
  Respecto de la argumentación, existe una menor preponderancia en el libro A respecto del B. Además en este último, la mayoría son argumentaciones completas.

- En el análisis de *variables de lenguaje* se destacan dos diferencias: variadas formas de presentación de la información en el libro A y solo dos formas predominantes de

o

presentación de la información (verbal o simbólica) en el libro B; en cambio, aparecen muy pocos símbolos y expresiones específicas del lenguaje matemático en el libro A y un amplio listado de símbolos y de expresiones específicas del lenguaje matemático en el libro B, incluyendo además las respectivas explicaciones verbales de los significados de los símbolos.

- Respecto a las *variables de contenido*, la diferencia que se destaca es la referencia explícita o implícita de los distintos modelos de definición de función (libro A: mayoritariamente "relación entre variables" y libro B: mayoritariamente "relación entre dos conjuntos arbitrarios" y "conjunto de pares ordenados").
  Con respecto a la presencia de conceptos y propiedades, el libro A tiene un listado mucho más breve de ellos respecto del libro B.

Las principales *coincidencias* encontradas en el análisis de los libros son:

- Del análisis de las variables de praxis se desprende que en ambos libros se utiliza como método la explicación verbal, que los pasos son correctos y que en ambos existe una preponderancia de la explicitación de la idea global de los procesos seguidos.

- En cuanto a las variables de lenguaje analizadas, en la mayoría de las subunidades de ambos libros, los enunciados resultaron muy claros y correctos, con una complejidad sintáctica simple.

- En el análisis de las variables de contenido, la única coincidencia registrada en los dos libros es la ausencia de consideraciones históricas del concepto.

CONCLUSIONES

De la confrontación de las características de las subunidades de análisis surgen importantes diferencias en los itinerarios didácticos propuestos por los textos. Esta diferencia, de acuerdo a nuestros supuestos teóricos resulta de alta relevancia ya que el significado de un concepto incluye tanto su definición como las situaciones en que se presenta y las representaciones que le son asociadas.
Del análisis comparativo de las variables estudiadas (praxis, lenguaje y contenido) surge que las diferencias respecto a la definición de función resultan más significativas que las coincidencias. A partir de las diferencias encontradas en la definición, es posible referirse a diferencias respecto de todo el objeto matemático.
Por lo tanto, puede inferirse una distinta caracterización del significado institucional de referencia para el OM "función" imperante en cada momento histórico.
Esta evolución en el significado institucional se correspondería además con las renovaciones curriculares y la producción de nuevos conocimientos pedagógicos y didácticos de los últimos años.

o

Este trabajo representa una primera aproximación al significado institucional de referencia del OM "función", sobre el que profundizaremos, analizando otros libros de texto que estén orientados a diferentes niveles educativos, comparando las orientaciones curriculares imperantes en distintos períodos, y mediante entrevistas a docentes de niveles pre - universitario, superior y universitario.

BIBLIOGRAFIA

ALTMAN, S., COMPARATORE, C., KURZROK, L. 2005. *Matemática / Polimodal. Funciones 1.* (Longseller. Argentina).

ARRIECHE, M. 2002. *La teoría de conjuntos en la formación de maestros: Facetas y factores condicionantes del estudio de una teoría matemática.* Tesis Doctoral. (Universidad de Granada).

BROUSSEAU, G. 1986. Fondements et méthodes de la didactiques des mathématiques. *Recherches en Didactique des Mathématiques,* Vol. 7, n. 2, pp. 33 - 115.

CHEVALLARD, Y. 1992. Concepts fondamentaux de la didactique: perspectives aportes par une approche anthropologique. *Recherches en Didactique des Mathématiques*, 12 (1): 73-112.

GODINO, J. D. 2002. Un enfoque ontológico y semiótico de la cognición matemática. *Recherches en Didactiques des Mathematiques* 22, (2/3)

GODINO, J. D. 2003. *Teoría de las funciones semióticas. Un enfoque ontológicosemiótico de la cognición e instrucción matemática.* Monografía de Investigación para el Concurso a Cátedra de Universidad. Departamento de Didáctica de la Matemática. Universidad de Granada. Recuperable en: http://www.ugr.es/local/jgodino

GODINO, J. D.; BATANERO, C. 1994. Significado institucional y personal de los objetos matemáticos. *Recherches en Didactique des Mathématiques*, Vol. 14, nº 3: 325 - 355.

RAMOS, A. B.; FONT, V. 2004. Creencias y concepciones del profesorado y cambio institucional. El caso de la contextualización de funciones en una facultad de ciencias económicas y Sociales. *Actas III. Congreso Internacional Docencia Universitaria e Innovación.* Girona

REPETTO, C., LINSKENS, M., FESQUET, H. 1980. *Aritmética 3.* (Ed. Kapelusz. 17ª edición. Argentina) .

VERGNAUD, G. 1990. La théorie des champs conceptuels. *Recherches en Didactiques des Mathématiques*, Vol. 10, n. 2,3, pp. 133-170.

o

EVOLUCIÓN HISTÓRICA DE LAS METÁFORAS EN EL CONCEPTO DE FUNCIÓN

Sastre Vázquez, P; Boubée, C.; Rey, G. , Maldonado S., Villacampa, Y.

RESUMEN: El conocimiento matemático está constituido por conceptos, metáforas, procesos y hábitos o actitudes, y se puede decir que un texto es bueno o un programa es completo cuando todos estos elementos son adecuadamente atendidos. Desde que Lakoff y Johnson (1991) pusieron de manifiesto la importancia del pensamiento metafórico, entendido como la interpretación de un campo de experiencias en términos de otro ya conocido, el papel de este en la formación de los conceptos matemáticos, es un tema que cada vez tiene más relevancia para la investigación en didáctica de las matemáticas. En este trabajo, enmarcado en un Proyecto de Investigación sobre los Obstáculos Epistemológicos, se analiza y discute la evolución histórica de las metáforas ligadas al concepto de función, en particular las asociadas a la gráfica de una función.

INTRODUCCION

Algunas de las preguntas que seguramente se harán los lectores de este artículo son: ¿Por qué hacer el análisis histórico de los objetos matemáticos?. ¿Tiene algún interés de tipo didáctico el análisis de la génesis de un concepto matemático? Leyendo a Lakatos, 1976:

> *"...las matemáticas lo mismo que las ciencias naturales, son falibles y no indubitables; que también crecen gracias a la crítica y a la corrección de las teorías que nunca están enteramente libres de ambigüedades, y en las que siempre cabe posibilidad de error o de omisión"*

y a Farfán y Hitt, 1983:

> *"Existen elementos que permiten, e históricamente hicieron posible, la construcción de un concepto: todos estos son andamios de los que se vale el sujeto en su acción sobre el objeto, para acceder al concepto en sí, andamiajes con vida efímera que, circunstancialmente, son las herramientas con las que se captan los primeros elementos del concepto y donde el "error" y la sensibilidad a la contradicción desempeñan un papel importante"* es posible encontrar las respuesta a estos interrogantes.

Es decir, el desarrollo histórico de un concepto proporciona una pista de cómo, posiblemente, se desarrolla el conocimiento de tal concepto en la mente de un alumno, ya que existen muchas similitudes entre el desarrollo cultural y científico que ha mostrado el ser humano como especie y el desarrollo cultural y científico que muestra un ser humano a lo largo de su vida. Richard Rorty sugiere considerar la historia de la cultura como la historia de la dialéctica entre metáfora y literalización. El desarrollo del conocimiento humano no consiste en una

o

aproximación gradual a la "verdadera" constitución del mundo, sino en un continuo proceso por el cual ciertas descripciones se van dejando a un lado en virtud de la mayor eficacia explicativa de otras. "La Tierra gira alrededor del sol" tuvo un valor metafórico hasta el siglo XV, o incluso un poco más adelante, pero sólo a partir de su proceso de literalización dicho enunciado comenzó a tomarse como verdadero. De esta manera, muchas descripciones comienzan siendo metafóricas, en el sentido de no-habituales, para luego fosilizarse (literalizarse), hasta cierto momento en que nuevas redescripciones metafóricas ocupan el lugar de las anteriores metáforas extinguidas. No es posible, por tanto, adjudicar verdad o falsedad a una metáfora hasta tanto no haya sido literalizada.

Lakoff y Johnson sostienen como tesis principal que "nuestro sistema conceptual ordinario, en términos del cual pensamos y actuamos, es fundamentalmente de naturaleza metafórica" y que estos conceptos metafóricos que utilizamos estructuran nuestra percepción, nuestra conducta. En cuanto al papel de la metáfora en las transformaciones culturales, Lakoff y Johnson concuerdan con la concepción rortyana: muchos de estos recambios lexicales surgen a partir de la introducción de conceptos metafóricos nuevos y el abandono de los antiguos. Según Lakoff y Johnson, no sólo el saber cotidiano o el sentido común funcionan "metafóricamente": también las teorías científicas actúan a partir de conjuntos consistentes de metáforas, conjuntos sin los cuales nuestra comprensión del mundo no iría más allá de lo que nos brinda la experiencia física directa. En suma, la versión cognitivista se asienta sobre un supuesto clave: "Es imposible escapar de la metáfora". Esta especie de "fuga infinita" de la metáfora se afirma en que ellas "no son simplemente cosas que se deban superar; para superar las metáforas, de hecho, hay que usar otras metáforas.

La metáfora es un mecanismo de analogía en el que se concibe un concepto que pertenece a un dominio conceptual determinado en función de otro dominio conceptual, y en el que se establecen correspondencias y proyecciones entre los atributos de ambos dominios. En este sentido se habla de dominio origen (atributos salientes) y dominio destino, y de correspondencias entre ellos (Lakoff 1989). De esta forma, la metáfora permite una proyección ontológica a través de la interconexión de elementos que pertenecen a los dos dominios, así como una correspondencia epistemológica en la que el conocimiento del dominio origen, normalmente más básico y familiar, hace posible y facilita el razonamiento, la expresión, o la comprensión en el dominio destino, más complejo y abstracto. Estos procesos suceden a un nivel conceptual y de razonamiento, y se basan en esquemas e imágenes provenientes de la experiencia perceptual y personal del ser humano

La metáfora puede ser el puente o el punto de transición entre los preconceptos y la conceptualización, la reflexión y la capacidad argumentativa. Ella une y compacta lo conocido con lo desconocido, lo tangible y lo menos tangible, lo familiar y lo nuevo. Como "un puente posibilitando el paso de un mundo al otro" (Shift:1979), las metáforas posibilitan a los aprendices "entender y experenciar una clase de cosa en términos de otra," para parafrasear la noción de la metáfora en Lakoff y Johnson's (1980).

Cuenca y Hilferty, 1999, señalan que en la proyección metafórica no todos los elementos del dominio origen están incluidos, ni todos los elementos del dominio destino tienen un elemento en el origen, ya que en caso contrario se trataría del mismo dominio. Ello supone las

o

correspondientes y lógicas limitaciones en cuanto al razonamiento por analogía que todos conocemos al usar metáforas. Por otro lado, los mismos autores nos recuerdan que al resaltar ciertas facetas del dominio destino, pueden quedar ocultos otros aspectos, permitiendo errores de conceptualización por olvidar precisamente la limitación anterior.

En este trabajo se analiza la evolución histórica de la génesis del concepto de función, identificando en las etapas del proceso histórico, las metáforas subyacentes a su gráfico. El objetivo de este trabajo es obtener material de trabajo que permita posteriormente analizar el desarrollo de las explicaciones, sobre gráficos de funciones, presentadas en los libros de texto, con la finalidad de reconocer en ellas la existencia, o no, de expresiones que hacen referencia a metáforas, y así poder posteriormente analizar las producciones de alumnos, que hayan utilizado determinados textos, a fin de determinar los efectos que dichas metáforas producen en la compresión evidenciada por los alumnos.

ANALISIS HISTORICO

Durante la Época Antigua no existía una idea abstracta de variable y las cantidades se describían verbalmente o por medio de gráficos. El conteo implica correspondencia entre un conjunto de objetos y una secuencia de números para contar y las cuatro operaciones aritméticas elementales son funciones de 2 variables, como también lo son las tablas babilónicas. Durante esta época todos los desarrollos fueron explicados verbalmente, en tablas, gráficamente o por ejemplos.

Durante la Edad Media se estudiaron fenómenos naturales y las ideas se desarrollaron alrededor de cantidades variables independientes y dependientes sin definirlas específicamente. Una función se definía mediante una descripción verbal de sus propiedades específicas, o mediante un gráfico, no utilizándose fórmulas.

Durante el período moderno, que comienza a finales del siglo XVI, las funciones fueron equivalentes a expresiones analíticas. Fueron Descartes (1596-1650) y Fermat (1601-1665) quienes dieron el paso fundamental que permitió liberar a la aritmética y el álgebra de su subordinación a la geometría. Se trataba de la representación de curvas geométricas en sistemas de coordenadas y, lo más importante, el tratamiento del álgebra y la aritmética sin tanta limitación con relación a la representación geométrica antigua. Si las curvas de esta manera podían describirse con ecuaciones algebraicas, también nuevas ecuaciones algebraicas permitían definir nuevas curvas que los griegos antiguos no podían conocer (pues estaban "amarrados" a las construcciones geométricas con regla y compás).

Los trabajos de Descartes son muy interesantes porque parten de las dos metáforas clásicas sobre las curvas: a) las curvas son secciones; y, b) las curvas son la traza que deja un punto que se mueve sujeto a determinadas condiciones; para añadir una tercera: c) las curvas son la traza que deja un punto que se mueve sujeto a determinadas condiciones y el análisis de estas condiciones permite encontrar una ecuación que cumplen los puntos de la curva.

o

Descartes no utiliza las ecuaciones para dibujar curvas. Para él, las curvas, más que el conjunto de puntos que cumplen una determinada ecuación, son el resultado de movimientos sucesivos de curvas más simples, de manera que los últimos vienen determinados por los anteriores. Lo que hace Descartes es considerar la curva generada a partir de curvas más simples, y a partir del estudio de estos movimientos halla la ecuación de la curva.

Leibniz (1646-1716) fue el primer matemático en utilizar la palabra función en 1692, para referirse a cualquier cantidad que varía de un punto a otro de una curva, como la longitud de la tangente, la normal, subtangente y de la ordenada. Así afirmaba "una tangente es una función de una curva". Introduce las palabras: constante y variable; coordenadas y parámetro en términos de un segmento de constante arbitrario o cantidad. No utilizaba el concepto de función como lo entendemos en la actualidad. Para él una curva estaba formada por un *número infinito de tramos rectos infinitamente pequeños.*

Euler (1707-1783) continúa el camino para precisar la noción de función comenzando a definir nociones como *constante* y *cantidad variable* y, en 1755 define función como una expresión analítica: *"la función de una cantidad variable es una expresión analítica compuesta de cualquier manera a partir de esa cantidad variable y de números o cantidades constantes".* Pero no define "expresión analítica", que fue definida formalmente en el siglo XIX, explica que las expresiones analíticas admisibles son las que contienen las cuatro operaciones elementales, raíces, exponentes, logaritmos, funciones trigonométricas, derivadas e integrales. Euler admite como funciones las llamadas curvas mecánicas. Al ampliar el concepto de función divide las funciones en dos clases: las *continuas y las discontinuas*. El significado de estos dos términos era distinto al significado actual. Las discontinuas son las "curvas mecánicas". Es decir, son aquellas para las que no tenemos una ecuación conocida, aún cuando su trazo en papel sea seguido.

El concepto de función evolucionó, enriqueciéndose y cambiando a partir de la controversia iniciada entre Dalembert y Euler sobre el problema de la cuerda vibrante. Dada una cuerda elástica con extremos fijos se la deforma y se la suelta para que vibre. El problema consiste en determinar la función que describe la forma de la cuerda en cada instante. La discusión entre Dalembert (1717-1783), Euler y D. Bernoulli (1700-1782) se centró alrededor del significado de "función" y versó sobre funciones que solucionaban este problema, sosteniendo los dos últimos autores que se debían buscar soluciones mas generales. Para entenderlo hay que pensar que durante el siglo XVIII se aceptaba por "artículo de fe", es decir sin demostración que: *"Si dos expresiones analíticas coinciden en un intervalo, ellas coinciden en todas partes"*

En 1718 Bernoulli publica un artículo en el cual considera una función de una variable como una cantidad que está compuesta, de alguna manera, desde esta variable y constantes, y en 1753 propone una nueva solución al problema de la cuerda vibrante. Tanto Euler como Dalembert, rechazaron esta solución, basando sus argumentos en el artículo de fe la época.

o

Señalaron que dado que *f(x)* y la serie coincidían en (0,l), éstas debían coincidir en todos lados, concluyendo que la solución de Bernoulli conducía al absurdo de una función *f(x)* par y periódica. Bernoulli formula la siguiente definición: *"llamamos función a las diversas cantidades dadas de alguna forma por una (cantidad) indeterminada x, y por constantes ya sea algebraicamente o trascendentemente"* ; ésta se convierte en la primera definición de función como expresión analítica. El mayor efecto que produjo el debate sobre el problema de la cuerda vibrante fue extender el concepto de función para permitir la inclusión de funciones definidas por expresiones analíticas a trozos y funciones con gráfico y sin expresión analítica

Fourier (1768-1830) conjeturó, pero no probó matemáticamente, que dada una función podía desarrollarla, en un intervalo apropiado, mediante una serie trigonométrica. Esto rompió el "articulo de fe "del siglo XVIII, ya que no era claro que dos funciones, dadas por diferentes expresiones analíticas, pudieran coincidir en un intervalo sin la coincidencia fuera. Aporta la idea de función como *correspondencia* entre dos conjuntos de números independiente de cómo esta correspondencia esté dada pero limitada por la idea de que la gráfica sea una gráfica continua.

Dirichlet (1805-1859) se dedicó a convertir el trabajo de Fourier en un trabajo matemáticamente aceptable, encontrando que el resultado de Fourier que afirmaba que toda función podía ser representada por una expansión en series, era falso. En 1829 Dirichlet estableció las condiciones suficientes para que fuera posible y definió función como: *"y es una función de la variable x, definida en el intervalo a<x<b, si para todo valor de la variable x en ese intervalo, le corresponde un valor determinado de la variable y. Además, es irrelevante como se establece esa correspondencia"*

Dirichlet presenta el primer ejemplo explícito de una función que no está dada por una expresión analítica, ni tampoco posee una gráfica ó curva que la represente. Da el primer ejemplo que ilustra el concepto de función como correspondencia arbitraria y también el ejemplo de una función que es discontinua en todas partes, en nuestro sentido, no en el de Euler. A partir de los trabajos de este matemático el concepto de función adquiere un significado independiente del concepto de expresión analítica, (Youscakevith,1976)

La teoría de conjunto iniciada por Cantor (1845-1918) produce una nueva evolución del concepto de función, extendiéndose la noción de función para incluir: *"toda correspondencia arbitraria que satisfaga la condición de unicidad entre conjunto numéricos o no numéricos"*

Los desarrollos en el álgebra abstracta y la topología dan lugar a nuevas definiciones teóricas conjuntistas. El grupo Bourbaki , 1939, definió función como una correspondencia entre dos conjuntos de una forma semejante a la dada por Dirichlet en 1837 (Yousvhkevitch, 1976): "*Sean E y F dos conjuntos, que pueden o no ser distintos. Una relación entre un elemento variable x de E y un elemento variable y de F, se llama relación funcional en y, si para todo x*

o

en E, existe un único y en F el cual está en la relación dada con x. Damos el nombre de función a la operación que de esta forma asocia cada elemento x en E con el elemento y en F que está en relación con x,; se dice que y es el valor de la función en el elemento x y se dice que la función está definida por la relación dada. Dos relaciones funcionales equivalentes determinan la misma función ". Bourbaki también formuló una definición de función equivalente, como conjunto de pares ordenados (Kleiner, 1989): *"una función del conjunto E en el conjunto F se define como un subconjunto especial del producto cartesiano ExF"*

CONCLUSIONES

Si bien Descartes desarrolló la idea de introducir una gráfica en forma analítica, en general, durante la época anterior a la aparición de una definición formal de función, las metáforas clásicas sobre las curvas fueron: *a) las curvas son secciones;* y, *b) las curvas son la traza que deja un punto que se mueve sujeto a determinadas condiciones; c) las curvas son la traza que deja un punto que se mueve sujeto a determinadas condiciones y el análisis de estas condiciones permite encontrar una ecuación que cumplen los puntos de la curva y d) las curvas están formadas por un número infinito de tramos rectos infinitamente pequeños.*

Hasta la publicación de los trabajos de Fourier, en la práctica la noción de función se identificaba con la noción de expresión analítica, es decir la metáfora durante esa época fue: *"una función es una expresión analítica"*. Poco tiempo después se encontró que esta identificación podía conducir a incoherencias: la misma función se podía representar mediante diferentes expresiones analíticas. También existían limitaciones referidas al tipo de funciones que se podían considerar.

A partir del debate sobre el problema de la cuerda vibrante el concepto de función se extendió permitiendo la inclusión de funciones definidas por expresiones analíticas a trozos y funciones con gráfico y sin expresión analítica. Es decir se introduce una nueva metáfora *"una función es un gráfico continuo"*. A partir de los trabajos de los trabajos de Dirichlet en los cuales presenta el primer ejemplo explícito de una función que no está dada por una expresión analítica, ni tampoco posee una gráfica ó curva que la represente, el concepto de función se independiza del concepto de expresión analítica. Nace una nueva metáfora : *"una función es una correspondencia arbitraria"*. Con la posterior aplicación de la teoría de conjuntos a las funciones, terminó de tomar cuerpo la metáfora conjuntista: *"la gráfica de una función f es el conjunto formado por los puntos de coordenadas (x, f (x))"* o *"una función es un conjunto de pares ordenados"*.

o

BIBLIOGRAFIA

Cuenca, M.J. y Hilferty; J. (1999*). Introducción a la lingüística Cognitiva*, Barcelona. Ariel.

Farfán, R. E., Hitt, F. (1983) *Heurística Matemática* (Nivel Superior). Sección Matemática Educativa, CINVESTAV-IPN, México.

Kleiner, I. (1989). *Evolution of the function Concept: A Brief Survey.* The college Mathematics Journal, Vol. 20, Number 44,pp. 282-300.

Lakatos. (1976). *Proofs and refutations. The logic of mathematical discovery.* London, Cambrige University Press.

Lakoff, G. y Johnson, M. (1991). *Metáforas de la vida cotidiana.* Madrid: Cátedra.

Lakoff, G., and M. Johnson. (1980). *Metaphors we live* by. Chicago, IL: University of Chicago Press.

Rorty, Richard (1979) *La filosofía y el espejo de la naturaleza*, Cátedra, Madrid.

Shift, R. (1979). *Art and life: A metaphoric relationship.* In On metaphor, S. Sacks (Ed). Chicago, IL: University of Chicago Press.

Youschkevitch, A. P., (1976). *The Concept of Function up to the Middle of the 19th*

o

GÉNESIS Y EVOLUCIÓN DEL CONCEPTO DE FUNCIÓN

Sastre Vázquez , P.; Villacampa,Y .; Boubée, C.; Rey, G. , Maldonado S.

RESUMEN: El estudio histórico de la génesis y desarrollo de los conceptos matemáticos permite entender la forma en que surgen, se sistematizan y se desarrollan los métodos, las ideas, los conceptos y las teorías de esta ciencia. El análisis de los inicios de un concepto, de las dificultades con las que tuvieron que enfrentarse los investigadores y de las ideas que surgieron al enfrentar una situación nueva, son fundamentales para el estudio de los Obstáculos Epistemológicos, cuyo conocimiento es muy importante a la hora de la planificación de la tarea en el aula. En este trabajo, el cual se encuentra enmarcado en un Proyecto de Investigación sobre el estudio de los Obstáculos Epistemológicos, se realiza un análisis de la génesis y la evolución histórica del concepto de función. Las conclusiones de este trabajo son las siguientes: 1) La trayectoria de la evolución histórica del concepto de función podría pensarse como un círculo que se inicia con las relaciones de dependencia de Galileo, continuando con la teoría moderna de conjunto, para regresar al énfasis puesto en las relaciones. 2) El concepto de función ha evolucionado acorde a las necesidades sociales, y de los intereses de los investigadores en matemática. En resumen, el concepto de función fue creado por los matemáticos y su definición ha ido cambiando a medida que cambió la matemática.

INTRODUCCION

El conocimiento de la Historia de la Matemática facilita el estudio de los conceptos y los problemas matemáticos asociados a esta ciencia, los cuales casi siempre se llevan a cabo con fuertes discusiones y bajo concepciones ideológicas diferentes. Las investigaciones históricas son fundamentales para el estudio de los Obstáculos Epistemológicos, siendo importante para la planificación de la tarea en el aula. En este trabajo, enmarcado en un Proyecto de Investigación sobre el estudio de los Obstáculos Epistemológicos, se realiza una revisión bibliográfica de los hechos más importantes ocurridos durante de la génesis y desarrollo histórico del concepto de función, con el objetivo de utilizar estos conocimientos en trabajos posteriores cuyo propósito es detectar los obstáculos epistemológicos relacionados con el concepto de función.

Teniendo en cuenta que el conteo implica una correspondencia entre un conjunto de objetos y una secuencia de números para contar, se podría afirmar que las bases que dieron lugar al concepto de función pueden encontrarse en la época Antigua, ya que los cavernícolas dejaron huellas de una actividad que parece ser la de contar.
Los griegos trataron con problemas que tenían implícita la noción de función, pero no fueron capaces de reconocerla y menos aún simbolizar. Calcularon áreas, volúmenes, longitudes y centros de gravedad y desarrollaron tablas de acordes y tablas de senos similares a las actuales,

o

pero todos los desarrollos griegos fueron explicados verbalmente, en tablas, gráficamente o por ejemplos.

Durante la Edad Media la evolución de la noción de función se dio, fundamentalmente asociada al estudio del cambio, en particular del movimiento. El estudio del cambio se inicia con la representación gráfica-geométrica, construida por Nicolás Oresme (Siglo XIV) como método para representar las propiedades cambiantes de los objetos. Oresme (1323-1382), desarrolló una teoría geométrica de las latitudes de las formas. En su obra Tractatus de latitudinibus formarum, las funciones aparecen por primera vez dibujadas. Oresme trasladó al plano lo que hasta entonces habían hecho los geógrafos sobre la esfera. Mantuvo incluso los nombres, y llamó longitud y latitud a los antepasados de lo que hoy llamamos abscisa y ordenada. Para representar una velocidad que decrece uniformemente desde el valor OA (Figura 1) , en O a cero en B, dibuja un triángulo. Apunta que el rectángulo OBDC, determinado por E, el punto medio de AB, tiene la misma área que el triángulo OAB y representa un movimiento uniforme a lo largo del mismo intervalo de

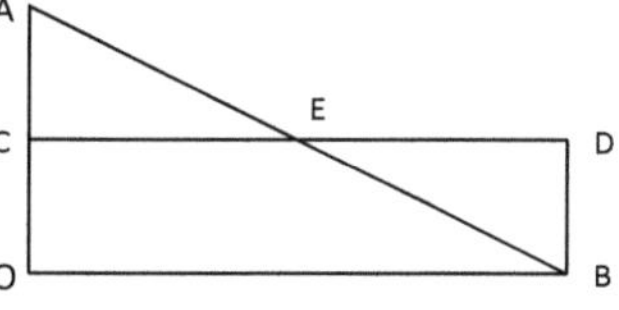

Figura 1

tiempo. Oresme asocia el cambio físico con toda figura física geométrica. El área completa representa la variación en cuestión, pero no había referencia a valores numéricos.(Kline, 1972)

Galileo (1564-1642) introdujo lo numérico en las representaciones gráficas y expresó las leyes del movimiento, a las que incorporó el lenguaje de la teoría de las proporciones, dando un sentido de variación directa o indirectamente proporcional, lenguaje que junto con la teoría de la época encubrió aspectos de la variación continua. En su obra se encuentran numerosas expresiones de relaciones funcionales en palabras y en el lenguaje de las proporciones. Es decir mediante el lenguaje muestra claramente que está tratando con variables y funciones.

Durante el período moderno, el cual comienza a finales del siglo XVI, las funciones fueron equivalentes a expresiones analíticas. La dependencia del Álgebra de la Geometría comenzó a invertirse cuando Vieta (1540-1603) y luego Descartes emplearon el álgebra para resolver problemas de construcciones geométricas. Vieta vislumbro la posibilidad de usar el álgebra para tratar la igualdad y la proporción entre magnitudes, sin tener en cuenta de que campo científico provenían los problemas, (Kline, 1972). A este matemático francés se debe la idea de usar letras para representar las variables (normalmente X, Y y Z para los números reales y N para los enteros).

o

Descartes (1592-1650) desarrolló la idea de introducir las curvas en forma analítica. Su objetivo era reducir la solución de todos los problemas algebraicos y de ecuaciones, a un procedimiento estándar que le permitiera encontrar las raíces. Descartes fue el primero en poner en claro que una ecuación en x e y es una forma de mostrar una dependencia entre cantidades variables, de tal forma que los valores de una de ellas pudieran calcularse a partir de su correspondientes valores en la otra variable. Clasifica a las curvas en mecánicas y geométricas. Establece que las curvas geométricas son aquellas que pueden expresarse mediante una única ecuación algebraica, de grado mixto, en x e y, con lo que acepta la concoide y la cisoide, mientras que llama mecánicas a todas las demás curvas, como la espiral y la cuadratriz. La ampliación del concepto de "curvas admisibles" significó un paso importante que permitió incorporar curvas antes rechazadas, y además, permitió ensanchar su dominio, ya que dada cualquier ecuación algebraica en x e y puede obtenerse una curva y así generar nuevas curvas. (Kline, 1972). Descartes posibilitó la descripción y estudio de objetos geométricos, por ejemplo, no en términos de pertenencia y no pertenencia, sino en términos de relaciones numéricas o algebraicas. Así, en lugar de analizar los objetos geométricos, se analizan las propiedades algebraicas de las expresiones asociadas a dichos objetos. Es el método, el cambio en la visión, lo que le otorgó el mérito al matemático francés.

Fermat (1601-1665) se basó en los trabajos de Apolonio presentando en un estilo moderno, con las notaciones de Vieta, los principios fundamentales de la Geometría Analítica. Introduce no sólo la Geometría Analítica, sino también la muy útil idea de variable algebraica. En la terminología de Vieta la cantidad desconocida representaba una magnitud determinada, mientras que según Fermat, el extremo de una de las variables puede ocupar diversas posiciones consecutivas, de manera que represente una línea. [Ver figura 2]

Consideraba una curva cualquiera y un punto genérico B sobre ella. La posición del punto B viene fijada por una longitud A (equivalente a la abscisa *x*), medida desde el punto O sobre una línea de base a un punto C, y la longitud E (equivalente a la ordenada *y*) , de C a B. Fermat emplea lo que hoy se conoce como coordenadas oblicuas, aunque no explicita ningún eje de las y, ni emplea coordenadas negativas. Estas cantidades desconocidas A y E son verdaderas variables que utiliza en ecuaciones algebraicas que representan lugares.

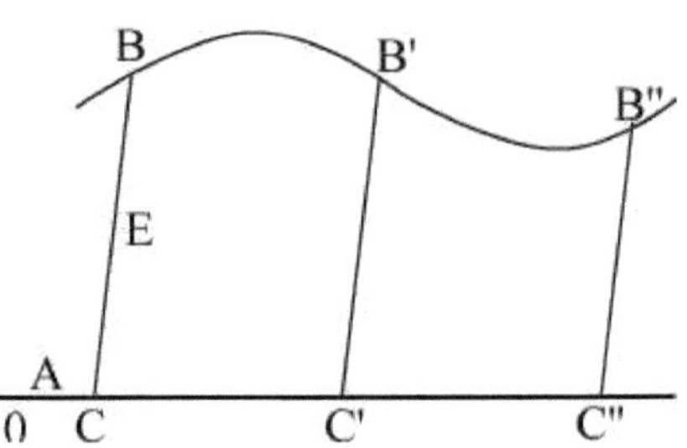

Figura 1

o

Ni Descartes ni Fermat utilizaron el término *«sistema de coordenadas»* o la idea de los dos ejes, y Fermat se limitó a hacer representaciones geométricas en el primer cuadrante solamente.

En 1665, Newton utilizó la palabra "fluent"(fluyente) para representar cualquier relación entre variables. Además introduce la noción de «diferencial», designada por la palabra «momento», el cual es producido por una cantidad variable llamada *«genita»*. Este constituye una aproximación al concepto de función, y se presenta en el libro II, sección 11 de los *Principia*. Parece que estas cantidades llamadas *«genita»* son variables e indeterminadas, y que aumentan o decrecen mediante un movimiento continuo, mientras que sus momentos son crecimientos temporales que pueden generar partículas finitas. En aritmética, las *«genita»* son generadas o producidas por la multiplicación, la división o la extracción de raíces de cualquier término, mientras que la búsqueda del contenido de los lados o de los extremos y medias proporcionales constituye *«genita»*. Así, las «genita» pueden ser productos, cocientes, raíces, rectángulos, cuadrados, cubos, etc. Sin embargo, Newton no llega a esclarecer el concepto de momento lo suficiente como para que se pueda hablar aquí de una concepción neta de la diferencial de una función.

Leibnitz (1646-1716) fue el primer matemático en utilizar la palabra función en 1692. Usó esta palabra para referirse a cualquier cantidad que varía de un punto a otro de una curva, como por ejemplo, la longitud de la tangente, de la normal, de la subtangente y de la ordenada. Por ejemplo Leibniz afirmaba "una tangente es una función de una curva" (Iacobacci, 1965) Es de hacer notar que Leibniz no utilizaba el concepto de función como lo entendemos en la actualidad. Para él una curva estaba formada por un número infinito de tramos rectos infinitamente pequeños. Este matemático también introdujo las palabras: constante, variable y parámetro. Clasificó a las curvas en: 1) algebraicas, aquellas representadas por una ecuación de cierto grado y 2) transcendentes, a las representadas por una ecuación de grado infinito o indefinido. Pensó a las funciones como parte de líneas rectas o puntos de una curva.

Euler (1707-1783) continúa el camino para precisar la noción de función comenzando a definir nociones iniciales como son *constante* y *cantidad variable* y, en 1755 define función como una expresión analítica: "*la función de una cantidad variable es una expresión analítica compuesta de cualquier manera a partir de esa cantidad variable y de números o cantidades constantes"*. (Ruthing, 1984). Si bien Euler no define que es una "expresión analítica", la cual fue definida formalmente en el siglo XIX, explica que la expresiones analíticas admisibles son las que contienen las cuatro operaciones elementales, raíces, exponentes, logaritmos, funciones trigonométricas, derivadas e integrales. Clasifica a las funciones en: 1) algebraicas ó trascendentes, 2) univariadas ó multivariadas, 3) implícitas ó explícitas. Se enfrenta al problema de que a toda función le corresponde una curva, y que toda línea curva también debería representarse por una función, por lo cual Euler admite como funciones las llamadas curvas mecánicas. Al ampliar el concepto de función divide las funciones en dos clases: las continuas y las discontinuas. El significado de estos dos términos era distinto al significado actual. Para Euler, una función continua es aquella que esta representada por una sola ecuación, aún cuando su dibujo conste de más de un trazo, como seria el caso de la hipérbola.

o

Las *discontinuas* son las "*curvas mecánicas*". Es decir, son aquellas para las que no tenemos una ecuación conocida, aún cuando su trazo en papel sea seguido.

En la práctica la noción de función se identificaba con la noción de expresión analítica, pero en poco tiempo se encontró que esta identificación podía conducir a incoherencias: la misma función se podía representar mediante diferentes expresiones analíticas. También existían limitaciones referidas al tipo de funciones que se podían considerar. El concepto de función evolucionó, enriqueciéndose y cambiando su significado a partir de la controversia iniciada entre Dalambert y Euler sobre el problema de la cuerda vibrante. La discusión entre Dalembert (1717-1783), y Euler y D. Bernoulli (1700-1782) se centró alrededor del significado de la palabra "función" y versó sobre las funciones que solucionaban este problema, sosteniendo los dos últimos autores que se debían buscar soluciones mas generales.

Para entender mejor esta controversia se debe tener en cuenta que durante el siglo XVIII los matemáticos aceptaban por "artículo de fe", es decir sin demostración y sin duda alguna que: *"Si 2 expresiones analíticas coinciden en un intervalo, ellas coinciden en todas partes"*. Teniendo en cuenta el tipo de funciones que se consideraban en esa época, expresiones analíticas, este supuesto no parece antinatural. Desde este punto de vista el trazado entero de una curva, dada por una por una expresión analítica, está determinado por cualquier parte pequeña de la curva. Se asume implícitamente que la variable independiente, en una expresión a analítica, abarca todo el dominio de los números reales sin restricciones.

En 1747, Dalembert resolvió el problema afirmando que su solución era la "solución más general". Dalambert pensaba que su solución debía tener una *"expresión analítica"*, es decir estar dada por una fórmula, ya que para Dalembert estas eran la únicas funciones permisibles. (Kleiner, 1989). En 1748 Euler publicó un artículo sobre el mismo problemas, coincidiendo en la solución dada por Dalambert, pero discrepando en su interpretación, ya que él consideraba que esa solución no era la "mas general"

En 1753, Bernuolli propone una nueva solución al problema de la cuerda vibrante.Tanto Euler como Dalambert, rechazaron esta solución, basando sus argumentos en el supuesto imperante en esa época. El mayor efecto que produjo el debate sobre el problema de la cuerda vibrante fue extender el concepto de función para permite en él la inclusión de: 1) Funciones definidas por expresiones analíticas a trozos, 2) Funciones que tenían un gráfico y no tenían una expresión analítica. Bernoulli fue el primero en definir función como una expresión analítica, proponiendo la letra griega phi como notación de función. En 1718 publica un artículo en el cual considera una función de una variable como una cantidad que está compuesta, de alguna manera, desde esta variable y constantes, (Ruthing,1984).

Fourier (1768-1830) estudiando el flujo de calor en cuerpos materiales contribuyó a al evolución del concepto de función. Fourier conjeturó, hecho que no probó matemáticamente, que era posible dada una función desarrollarla, en un intervalo apropiado, mediante una serie trigonométrica. El principal resultado de Fourier fue el siguiente Teorema: "toda función f(x) sobre el intervalo (-l,l) se expresa, en ese intervalo, por una serie de senos y cosenos". Estos desarrollos rompieron el "articulo de fe " imperante en el siglo XVIII, ya que no era claro que

o

dos funciones, dadas por diferentes expresiones analíticas, pudieran coincidir en un intervalo sin la necesaria coincidencia fuera del intervalo. También se rompió con el concepto de continuidad de Euler, ya que algunas funciones discontinuas para Euler, se podían representa mediante series de Fourier, es decir mediante una expresión analítica y por lo tanto eran continuas en el sentido de Euler.

Los trabajos de Fourier impulsaron el desarrollo de la Matemática ya que obligaron a reexaminar el concepto de integral y fueron el punto de partida que condujo a Cantor a la creación de su teoría de conjuntos. Además, el trabajo de Fourier renovó el énfasis en las expresiones analíticas, lo cual condujo a una revisión del concepto de función, (Edwards, 1982).

A partir de 1720 y hasta 1820 comenzó a desarrollarse en el seno del campo de la Matemática una nueva disciplina cuyo objeto de estudio fueron las funciones: el Análisis. Antes de esto la funciones fueron mayoritariamente definidas y aplicadas en el Cálculo. Entonces se discutía si las funciones debían ser representadas geométricamente, en la forma de una curva, analíticamente, en la forma de una fórmula, ó lógicamente en la forma de una definición. Durante este período el concepto de función pasó por la siguiente etapas: 1) expresión analítica (fórmula arbitraria), 2) Curva y 3) expresión analítica (fórmula específica en desarrollo de series de Fourier).

La teoría de conjunto iniciada por Cantor (1845-1918) produce una nueva evolución del concepto de función, extendiéndose la noción de función para incluir: *"toda correspondencia arbitraria que satisfaga la condición de unicidad entre conjunto numéricos o no numéricos"*

La evolución continuó y desde el concepto de correspondencia los matemáticos pasaron al concepto de relación. Ya hacia el siglo XIX Lobatchevsky (1793-1856): formula la siguiente definición: *"El concepto general exige que se denomine función de x a un número que está dado para toda x y que cambie gradualmente junto con x. El valor de la función se puede dar ya sea mediante una expresión analítica, o a través de una condición que ofrezca un medio para probar todos los números y seleccionar uno de ellos; o finalmente, la dependencia puede existir, pero permanecer desconocida".*

En sus trabajos de Fourier utilizaba unos razonamientos matemáticos que serían claramente inaceptables en nuestra época. Dirichlet (1805-1859) se dedicó a la tarea de convertir el trabajo de Fourier en un trabajo matemáticamente aceptable, encontrando que el resultado de Fourier que afirmaba que toda función podía ser representada por una expansión en series, era falso. En 1829 Dirichlet estableció las condiciones suficientes para que tal representación sea posible y definió función la siguiente forma: *"y es una función de la variable x, definida en el intervalo a<x<b, si para todo valor de la variable x en ese intervalo, le corresponde un valor determinado de la variable y. Además, es irrelevante como se establece esa correspondencia"* Hasta ese momento las funciones se concebían como expresiones analíticas ó curvas, y es Dirichlet quien por primera vez considera a una función como una correspondencia.Hasta la introducción de la definición de Dirichlet, las definiciones de función no introducían

o

restricciones para el dominio de la función, es decir la variable independiente podía tomar cualquier valor. Es Dirichlet quien, por primera vez, en su definición restringe explícitamente el dominio de la función a un intervalo. Es así que a partir de los trabajos de este matemático el concepto de función adquiere un significado independiente del concepto de expresión analítica, (Bottazzini,1986)

Desde 1900 hasta 1920 se introducen conceptos como: espacio métrico, espacio topológico, espacio de Hilbert y espacio de Banach. Estos desarrollos conducen a nuevas definiciones de función basadas en conjuntos arbitrarios que ya no son los números reales. Caratherdory (1917) define función como: *"una regla de correspondencia desde un conjunto A en los números reales"* (Malik, 1980)

A medida que avanza el nivel de la Matemática haciéndose más abstracta, ocurre lo mismo con la definición de función. Los desarrollos en el campo del álgebra abstracta y de la topología dan lugar al surgimiento de nuevas definiciones teóricas conjuntistas. El grupo Bourbaki , en 1939, definió función como una correspondencia entre dos conjuntos de una forma semejante a la dada por Dirichlet en 1837 (Monna, 1972; Yousvhkevitch, 1976):

> *"Sean E y F dos conjuntos, que pueden o no ser distintos. Una relación entre un elemento variable x de E y un elemento variable y de F, se llama relación funcional en y, si para todo x en E, existe un único y en F el cual está en la relación dada con x. Damos el nombre de función a la operación que de esta forma asocia cada elemento x en E con el elemento y en F que está en relación con x,; se dice que y es el valor de la función en el elemento x y se dice que la función está definida por la relación dada. Dos relaciones funcionales equivalentes determinan la misma función ".*

Bourbaki también formuló una definición de función equivalente, como un conjunto de pares ordenados (Kleiner, 1989), donde: *"una función del conjunto E en el conjunto F se define como un subconjunto especial del producto cartesiano ExF".* La forma de ver una función por Bourabaki difiere del punto de vista de Dirichlet en que el dominio y el codominio no están restringidos al conjuntos de número reales. En la definición de Dirichlet el dominio de la función es un intervalo finito de números reales y el codominio consiste de números reales.

CONCLUSIONES

El desarrollo de la Matemática como ciencia está marcado por los procesos dialécticos que se dan con las contradicciones en las cuales surgen y evolucionan los conceptos, leyes y procedimientos. En la enseñanza no se puede repetir el curso de la historia evolutiva de las ciencias; el carácter lógico que sigue la enseñanza requiere reconocer que los sistemas de numeración son el resultado de un proceso continuo de actividad intelectual, que la aritmética y la geometría están vinculadas entre sí desde sus inicios, que la interpretación mecánica de ciertas relaciones aportaron ideas que penetraron en el pensamiento matemático de aquellos que se dedicaban a la actividad relacionada con producción de conocimientos matemáticos y

o

fueron motivo de enfrentamientos y crisis en sus fundamentos. La Ciencia Matemática sigue un curso evolutivo que la práctica docente no puede seguir; durante el proceso de enseñanza aprendizaje se ofrecen los resultados matemáticos bajo una fuerte sistematización de sus teorías y ello hace que el conocimiento tome formas de presentación graduada en el contenido que se explica, y coloca al profesor en la situación docente de plantear los conceptos, leyes y procedimientos de manera que conduzcan al alumno al desarrollo de sus capacidades intelectuales y de la concepción científica del mundo de manera dinámica y eficiente cual si se revelara para este como un descubrimiento o una investigación. Todo profesor de Matemática debe tener un conocimiento aceptable de la historia de la disciplina que explica, no para ofrecer un curso, sino para poder utilizar, en el plano del acercamiento del objeto de estudio al alumno, las consideraciones más relevantes de su desarrollo y sobre todo para favorecer la comprensión de esta ciencia. Así la comprensión de una teoría matemática no puede ser completa si se desconocen sus orígenes. Ir a ellos y ver la forma como esa teoría ha influido en el conocimiento son pilares fundamentales para el educador y para el investigador, porque constituyen una herramienta pedagógica de gran valor mostrando los caminos de la ciencia.

BIBLIOGRAFIA

Bottazzini, U. 1986. *The Higher Calculus: A History of Real and Complex Analysis from Euler to Weierstrass*, Springer-Verlag.

Edwards, C. H. 1979. *The Historical Development of the Calculus*, Springer-Verlag.

Iacobacci, R.F., 1986. *Augustin-Louis Cauchy and the Development of Mathematical Analysis*, Ph.D. Dissertation, New York Univ., 1965. (University Microfilms, no. 65- 7298.

Kleiner, I. 1989. *Evolution of the function Concept: A Brief Survey.* The college Mathematics Journal, Vol. 20, Number 44,pp. 282-300.

Kline, M. 1972. *Mathematical Thought from Ancient to Modern Times*, Oxford Univ.Press.

Monna, A. F. 1972,1973. *"The Concept of Function in the 19th and 20th Centuries, in Particular with Regard to the Discussion Between Baire, Borel, and Lebesgue,"* Arch. Hist.Ex. Sci. 9 (1972/73) 57–84.

Rüthing, D., 1984. *Some Definitions of the Concept of Function from John. Bernoulli to N. Bourbaki,* Math. Intelligencer 6:4, 72–77.

Youschkevitch, A. P., 1976. *The Concept of Function up to the Middle of the 19th Century,* Arch. Hist. Ex. Sci. 16 37–85.

o

REVISIÓN BIBLIOGRÁFICA SOBRE LA EVOLUCIÓN HISTÓRICA DEL CONCEPTO DE FUNCION

Sastre Vázquez , P.; Villacampa,Y .; Boubée, C.; Rey, G. , Maldonado S

RESUMEN: El análisis de los procesos históricos en el desarrollo de la Matemática permite conocer la forma en que surgen, se sistematizan y se desarrollan los métodos, las ideas, los conceptos y las teorías de esta ciencia. Las investigaciones de esta naturaleza son fundamentales para el estudio de los Obstáculos Epistemológicos, cuyo conocimiento es muy importante a la hora de la planificación de la tarea en el aula. En este trabajo, el cual se encuentra enmarcado en un Proyecto de Investigación sobre el estudio de los Obstáculos Epistemológicos, se realiza una revisión bibliográfica de los hechos mas importantes en el desarrollo histórico del concepto de función, con el objetivo de generar un documento de trabajo que posteriormente permita detectar los obstáculos epistemológicos relacionados con el concepto de función.

INTRODUCCION

La historia de la matemática está llena de anécdotas y problemas que pueden motivar al estudiante a desarrollar actitudes positivas, permitiendo su acercamiento desde un punto de vista humano. Resulta útil explorar los inicios de un concepto, las dificultades de los matemáticos y las ideas que surgieron. El conocimiento de la Historia de la Matemática facilita el estudio de los conceptos y los problemas matemáticos asociados a esta ciencia, los cuales casi siempre se llevan a cabo con fuertes discusiones y bajo concepciones ideológicas diferentes. Las investigaciones son fundamentales para el estudio de los Obstáculos Epistemológicos, siendo importante para la planificación de la tarea en el aula. En este trabajo, enmarcado en un Proyecto de Investigación sobre el estudio de los Obstáculos Epistemológicos, se realiza una revisión bibliográfica de los hechos más importantes del desarrollo histórico del concepto de función, con el objetivo de detectar los obstáculos epistemológicos relacionados con el concepto. Se sigue el criterio de Youschkevitch , (1976,1977) quien clasifica la evolución del concepto de función en tres épocas: Antigua, Edad Media y Período Moderno.

ANTIGUEDAD

La noción de función tiene sus raíces en el concepto de número. En ésta época no existía una idea abstracta de variable y las cantidades se describían verbalmente o por medio de gráficos. Comienzan a desarrollarse algunas manifestaciones que implícitamente contienen la noción de función. El conteo implica correspondencia entre un conjunto de objetos y una secuencia de números para contar. Los cavernícolas dejaron huellas de una actividad que parece ser la de contar. Por ejemplo, sobre huesos se han encontrado marcas sencillas que pudieron servir para llevar cuentas. Las cuatro operaciones aritméticas elementales son funciones de 2 variables, como también lo son las tablas babilónicas. Los griegos trataron con problemas que tenían implícita la noción de función, pero no fueron capaces de reconocerla y menos aún simbolizar. Sin embargo calcularon áreas, volúmenes, longitudes y centros de gravedad y desarrollaron tablas de acordes y tablas de senos similares a las actuales. A principios del siglo II a.C., los astrónomos griegos adoptaron el sistema babilónico de almacenamiento de fracciones y compilaron tablas de las cuerdas de un círculo. Para un círculo de radio determinado, estas tablas daban la longitud de las cuerdas en función del ángulo central correspondiente, que crecía con un determinado incremento. Similares a las modernas tablas del seno y coseno, marcaron el comienzo de la trigonometría. Estos desarrollos griegos fueron explicados verbalmente, en tablas, gráficamente o por ejemplos.

EDAD MEDIA

Se estudiaron fenómenos naturales: calor, luz, color, densidad, distancia y velocidad media de un movimiento uniformemente acelerado. Las ideas se desarrollaron alrededor de cantidades variables independientes y dependientes sin definir específicamente. Una función se definía por una descripción verbal de sus propiedades específicas, o mediante un gráfico. Además aun no se usaban las fórmulas. Ahora, la evolución de la noción de función se dio asociada al estudio del cambio, en particular del movimiento, y se inicia con la representación gráfica-geométrica, construida por Nicolás Oresme (Siglo XIV) como método para representar las propiedades cambiantes de los objetos.

Oresme (1323-1382), desarrolló una teoría geométrica de las latitudes de las formas. En su obra *Tractatus de latitudinibus formarum,* las funciones aparecen por primera vez dibujadas. Trasladó al plano lo que hasta entonces habían hecho los geógrafos sobre la esfera. Mantuvo los nombres, y llamó longitud y latitud a lo que hoy llamamos abscisa y ordenada. La tradición griega afirmaba que las cantidades medibles distintas de números podían representarse mediante puntos, líneas y superficie. Este matemático consideraba que todo lo que varía se puede imaginar como una cantidad continua representada mediante un segmento rectilíneo. Así en la representación gráfica del cambio de la velocidad en el tiempo, utilizaba una línea horizontal para el tiempo, llamada longitud, y las velocidades en los diferentes instantes, en líneas verticales llamadas latitudes.

PERÍODO MODERNO

Comienza a finales del siglo XVI y las funciones fueron equivalentes a expresiones analíticas. Kleimer, 1989, señala que desde 1450 a 1650 se produjeron sucesos fundamentales para el desarrollo del concepto de función: Extensión del concepto de número al de números reales, e incluso a números complejos. (Bombelli, Stifel, et al.); Creación del álgebra simbólica (Viete, Descartes); Estudio del movimiento como problema central de la ciencia (Kepler, Galileo); Unión del álgebra y la geometría (Fermat, Descartes).

La dependencia del Álgebra y Geometría se invierte cuando Vieta (1540-1603) y Descartes (1592-1650) emplearon el álgebra para resolver problemas de construcciones geométricas. Vieta vislumbro la posibilidad de usar el álgebra para la igualdad y la proporción entre

o

magnitudes, (Kline, 1972). Este matemático usó letras para representar variables (X, Y y Z para números reales y N enteros). Descartes desarrolló la idea de introducir una función en forma analítica. Quería reducir la solución de los problemas algebraicos y de ecuaciones, a un procedimiento estándar que le permitiera encontrar las raíces. Fue el primero en poner en claro que una ecuación en x e y es una forma de mostrar una dependencia entre cantidades variables, de forma que los valores de una de ellas pudieran calcularse a partir de sus correspondientes valores en la otra. Rechaza la idea de que solo son legítimas las curvas factibles de ser construidas con regla y compás y propone nuevas curvas generadas por construcciones mecánicas. Clasifica las curvas en mecánicas y geométricas. Establece que las curvas geométricas son aquellas que pueden expresarse mediante una única ecuación algebraica, de grado mixto, en x e y, con lo que acepta concoide y cisoide, mientras que llama mecánicas a todas las demás, como espiral y cuadratriz. La ampliación del concepto de "curvas admisibles" significó un paso importante que permitió incorporar curvas antes rechazadas, y ensanchar su dominio, ya que dada cualquier ecuación algebraica en x e y puede obtenerse una curva y así generar nuevas curvas. (Kline, 1972). Mostró en sus trabajos de geometría que tenía una idea muy clara de los conceptos de ``variable" y ``función", clasificando las curvas algebraicas según sus grados, reconociendo que los puntos de intersección de dos curvas se obtienen resolviendo, simultáneamente, las ecuaciones que las representan. Su distinción entre curvas geométricas y mecánicas, dio lugar a que Gregory (James) (1638- 1675) realizara la distinción entre funciones algebraicas y trascendentes. En 1667, este matemático dio la definición de función más explícita del siglo XVII:

> *"una cantidad que se obtiene de otras cantidades mediante una sucesión de operaciones algebraicas o mediante cualquier otra operación imaginable"*

La última frase indica, que es necesario añadir una sexta operación que él define como el paso al límite. (Kline, 1972)

Fermat (1601-1665) aplicó el análisis de Vieta a los problemas de lugares geométricos y presentó en un estilo moderno, con las notaciones de Vieta, los principios fundamentales de la Geometría Analítica . Introdujo la idea de *variable algebraica.*

El interés de Leibniz (1646-1716) fue analizar matemáticamente los puntos de las curvas donde alcanzan su máximo y mínimo valor y dar un método general para determinar las rectas tangentes en estos puntos. Fue el primer matemático en utilizar la palabra función en 1692, (Struik, 1969), para referirse a cualquier cantidad que varía de un punto a otro de una curva, como la longitud de la tangente, la normal, subtangente y de la ordenada. Así afirmaba "una tangente es una función de una curva" (Iacobacci, 1965). Introduce las palabras: constante y variable; coordenadas y parámetro en términos de un segmento de constante arbitrario o cantidad. Clasificó las curvas: Agebraicas, aquellas representadas por una ecuación de cierto grado y transcendentes, a las representadas por una ecuación de grado infinito o indefinido. Además no utilizaba el concepto de función como lo entendemos en la actualidad. Para él una curva estaba formada por un número infinito de tramos rectos infinitamente pequeños.

o

Newton y Leibniz contribuyeron al desarrollo del concepto de función, introduciendo el desarrollo de función en serie de potencias. En esta época la idea de función era muy restringida, pues se reducía a funciones analíticas, primero las expresadas mediante una ecuación algebraica y después las desarrollables en serie de potencias.

Euler (1707-1783) continúa el camino para precisar la noción de función comenzando a definir nociones como *constante* y *cantidad variable* y, en 1755 define función como una expresión analítica:

> *"la función de una cantidad variable es una expresión analítica compuesta de cualquier manera a partir de esa cantidad variable y de números o cantidades constantes".* (Ruthing, 1984)

Pero no define "expresión analítica", que fue definida formalmente en el siglo XIX, explica que las expresiones analíticas admisibles son las que contienen las cuatro operaciones elementales, raíces, exponentes, logaritmos, funciones trigonométricas, derivadas e integrales. Clasifica las funciones en algebraicas ó trascendentes, univariadas ó multivariadas e implícitas ó explícitas. Se enfrenta al problema de que a toda función le corresponde una curva, y que toda línea curva debería representarse por una función, por lo cual admite como funciones las llamadas curvas mecánicas. Al ampliar el concepto de función las divide en continuas y discontinuas, cuyo significado era distinto al actual. Para Euler, una función continua es aquella que esta representada por una sola ecuación, aún cuando su dibujo conste de más de un trazo, como seria el caso de la hipérbola. Las *discontinuas* son las "*curvas mecánicas*", para las que no tenemos una ecuación conocida, aún cuando su trazo en papel sea seguido.

El concepto de función evolucionó, enriqueciéndose y cambiando a partir de la controversia iniciada entre Dalembert y Euler sobre el problema de la cuerda vibrante. Dada una cuerda elástica con extremos fijos se la deforma y se la suelta para que vibre. El problema consiste en determinar la función que describe la forma de la cuerda en cada instante.La discusión entre Dalembert (1717-1783), Euler y D. Bernoulli (1700-1782) se centró alrededor del significado de "función" y versó sobre funciones que solucionaban este problema, sosteniendo los dos últimos autores que se debían buscar soluciones mas generales. Para entenderlo hay que pensar que durante el siglo XVIII se aceptaba por "artículo de fe", es decir sin demostración que: *"Si dos expresiones analíticas coinciden en un intervalo, ellas coinciden en todas partes"*

En 1747, Dalembert resolvió el problema de la cuerda vibrante, demostrando que el movimiento está dado por una función *f(x),* afirmando que era la "solución más general". De la solución surgía que *f(x),* debía ser una "expresión analítica", dada por una fórmula, ya que para Dalembert estas eran las únicas funciones permisibles. (Kleiner, 1989). En 1748 Euler publicó un artículo sobre el mismo problema, coincidiendo en la solución dada por Dalembert, pero discrepando en su interpretación, ya que él consideraba que no era la "mas general". Utilizando argumentos provenientes de la Física, Euler señalaba que la forma inicial de la cuerda podía ser: Varias expresiones analíticas en distintos intervalos de *(0,l)* y por una curva dibujada con trazo continuo.

A las funciones señaladas en primer lugar, las llamó *funciones discontinuas*, reservando la palabra continua, para las expresadas por una sola expresión analítica, así consideraba, por ejemplo, las dos ramas de una hipérbola como una sola función continua. Esta concepción persistió hasta 1821, cuando Cauchy propuso la definición que se utiliza actualmente. (Kleiner, 1989).

Teniendo en cuenta el artículo de fe imperante en la época, ninguno de los tipos de forma inicial, señalados por Euler, podían expresarse mediante una sola expresión analítica, ya que tal expresión determinaría la forma del comportamiento de la curva entera en un intervalo, sin importar cuan pequeño este fuera. Por lo tanto la solución dada por Dalembert no podía ser la mas general. (Kleine, 1989)

En 1718 Bernoulli publica un artículo en el cual considera una función de una variable como una cantidad que está compuesta, de alguna manera, desde esta variable y constantes, (Ruthing,1984) y en 1753 propone una nueva solución al problema de la cuerda vibrante. Tanto Euler como Dalembert, rechazaron esta solución, basando sus argumentos en el artículo de fe la época. Señalaron que dado que *f(x)* y la serie coincidían en (0,l), éstas debían coincidir en todos lados, concluyendo que la solución de Bernoulli conducía al absurdo de una función *f(x)* par y periódica. (Kleiner, 1989)

El mayor efecto que produjo el debate sobre el problema de la cuerda vibrante fue extender el concepto de función para permitir la inclusión de: Funciones definidas por expresiones analíticas a trozos y funciones con gráfico y sin expresión analítica

Desde 1720 a 1820 comenzó a desarrollarse en el seno de la Matemática una nueva disciplina cuyo objeto de estudio fueron las funciones: el Análisis. Anteriormente las funciones fueron mayoritariamente definidas y aplicadas en el Cálculo. Entonces se discutía si las funciones debían ser representadas geométricamente, en la forma de una curva, analíticamente, en la forma de una fórmula, ó lógicamente en forma de definición.

Fourier (1768-1830) estudiando el flujo de calor en cuerpos materiales contribuyó al desarrollo del concepto de función. Consideró la temperatura como función de 2 variables, tiempo y espacio. Conjeturó, pero no probó matemáticamente, que dada una función podía desarrollarla, en un intervalo apropiado, mediante una serie trigonométrica. Esto rompió el "articulo de fe "del siglo XVIII, ya que no era claro que 2 funciones, dadas por diferentes expresiones analíticas, pudieran coincidir en un intervalo sin la coincidencia fuera. También se rompió con el concepto de continuidad de Euler, ya que algunas funciones discontinuas para

o

Euler, se podían representar mediante series de Fourier, es decir mediante expresión analítica y por tanto eran continuas en el sentido de Euler. Sus trabajos obligaron a reexaminar el concepto de integral y fueron el punto de partida que condujo a Cantor a la creación de su teoría de conjuntos. Su trabajo renovó el énfasis en las expresiones analíticas, lo cual condujo a una revisión del concepto de función, (Edwards, 1982; Langer 1947). Pero utilizaba razonamientos matemáticos que serían claramente inaceptables en nuestra época. Dirichlet (1805-1859) se dedicó a convertir el trabajo de Fourier en un trabajo matemáticamente aceptable, encontrando que el resultado de Fourier que afirmaba que toda función podía ser representada por una expansión en series, era falso. En 1829 Dirichlet estableció las condiciones suficientes para que fuera posible y definió función como:

> *"y es una función de la variable x, definida en el intervalo a<x<b, si para todo valor de la variable x en ese intervalo, le corresponde un valor determinado de la variable y. Además, es irrelevante como se establece esa correspondencia"*

Dirichlet presenta el primer ejemplo explícito de una función que no está dada por una expresión analítica, ni tampoco posee una gráfica ó curva que la represente. Da el primer ejemplo que ilustra el concepto de función como correspondencia arbitraria. También el ejemplo de una función que es discontinua en todas partes, en nuestro sentido, no en el de Euler. A partir de los trabajos de este matemático el concepto de función adquiere un significado independiente del concepto de expresión analítica, (Bottazzini,1986; Grattan-Guinness, 1970; Youscakevith,1976)

La teoría de conjunto iniciada por Cantor (1845-1918) produce una nueva evolución del concepto de función, extendiéndose la noción de función para incluir

> *"toda correspondencia arbitraria que satisfaga la condición de unicidad entre conjunto numéricos o no numéricos"*

Del concepto de correspondencia los matemáticos pasaron al concepto de relación.

Desde 1900 hasta 1920 se introducen conceptos como: espacio métrico, espacio topológico, espacio de Hilbert y espacio de Banach. Esto conduce a nuevas definiciones de función basadas en conjuntos arbitrarios que ya no son los números reales. Caratherdory (1917) define función como:

> "una regla de correspondencia desde un conjunto A en los números reales" *(Malik, 1980)*

A medida que el nivel de la Matemática se hace más abstracta, pasa con la definición de función. Los desarrollos en el álgebra abstracta y la topología dan lugar a nuevas definiciones teóricas conjuntistas.

o

El grupo Bourbaki , 1939, definió función como una correspondencia entre dos conjuntos de una forma semejante a la dada por Dirichlet en 1837 (Monna, 1972; Yousvhkevitch, 1976)

> "Sean E y F dos conjuntos, que pueden o no ser distintos. Una relación entre un elemento variable x de E y un elemento variable y de F, se llama relación funcional en y, si para todo x en E, existe un único y en F el cual está en la relación dada con x. Damos el nombre de función a la operación que de esta forma asocia cada elemento x en E con el elemento y en F que está en relación con x,; se dice que y es el valor de la función en el elemento x y se dice que la función está definida por la relación dada. Dos relaciones funcionales equivalentes determinan la misma función "

Bourbaki también formuló una definición de función equivalente, como conjunto de pares ordenados (Kleiner, 1989):

> *"una función del conjunto E en el conjunto F se define como un subconjunto especial del producto cartesiano ExF"*

La forma de ver una función por Bourbaki difiere de la de Dirichlet en que el dominio y el codominio no están restringidos a conjuntos de número reales. En la definición de Dirichlet el dominio es un intervalo finito de números reales y el codominio consiste de números reales.

CONCLUSIONES

El desarrollo de la Matemática como ciencia está marcado por los procesos dialécticos que se dan con las contradicciones en las cuales surgen y evolucionan los conceptos, leyes y procedimientos. En la enseñanza no se puede repetir el curso de la historia evolutiva de las ciencias; el carácter lógico que sigue la enseñanza requiere reconocer que los sistemas de numeración son el resultado de un proceso continuo de actividad intelectual, que la aritmética y la geometría están vinculadas entre sí desde sus inicios, que la interpretación mecánica de ciertas relaciones aportaron ideas que penetraron en el pensamiento matemático de aquellos que se dedicaban a la actividad relacionada con producción de conocimientos matemáticos y fueron motivo de enfrentamientos y crisis en sus fundamentos. La Ciencia Matemática sigue un curso evolutivo que la práctica docente no puede seguir; durante el proceso de enseñanza aprendizaje se ofrecen los resultados matemáticos bajo una fuerte sistematización de sus teorías y ello hace que el conocimiento tome formas de presentación graduada en el contenido que se explica, y coloca al profesor en la situación docente de plantear los conceptos, leyes y procedimientos de manera que conduzcan al alumno al desarrollo de sus capacidades intelectuales y de la concepción científica del mundo de manera dinámica y eficiente cual si se revelara para este como un descubrimiento o una investigación.

Todo profesor de Matemática debe tener un conocimiento aceptable de la historia de la disciplina que explica, no para ofrecer un curso, sino para poder utilizar, en el plano del acercamiento del objeto de estudio al alumno, las consideraciones más relevantes de su desarrollo y sobre todo para favorecer la comprensión de esta ciencia. Así la comprensión de una teoría matemática no puede ser completa si se desconocen sus orígenes. Ir a ellos y ver la

o

forma como esa teoría ha influido en el conocimiento son pilares fundamentales para el educador y para el investigador, porque constituyen una herramienta pedagógica de gran valor mostrando los caminos de la ciencia.

BIBLIOGRAFIA

H. Bos, "Mathematics and Rational Mechanics;" In: F*erment of Knowledge* (eds. G.S. Rousseau & R. Porter), Cambridge Univ. Press, 1980, pp. 327–355.

U. Bottazzini, *The Higher Calculus: A History of Real and Complex Analysis from Euler to Weierstrass*, Springer-Verlag, 1986.

C. H. Edwards, *The Historical Development of the Calculus*, Springer-Verlag, 1979.

I. Grattan-Guinness, *The Development of the Foundations of Mathematical Analysis from Euler to Riemann*, M.I.T Press, 1970.

Guzmán, M. Tendencias Innovadoras en Educación Matemática, *JAEM ,1994.*

Hairer, E. & Wanner, G.: 1996, *Analysis by its History*: Springer-Verlag, New York.

R. F. Iacobacci, *Augustin-Louis Cauchy and the Development of Mathematical Analysis*, Ph.D. Dissertation, New York Univ., 1965. (University Microfilms, no. 65- 7298, 1986.)

Kleiner, I. *Evolution of the function Concept: A Brief Survey.* The college Mathematics Journal, September 1989, Vol. 20, Number 44,pp. 282-300.

M. Kline, *Mathematical Thought from Ancient to Modern Times*, Oxford Univ.Press, 1972.

A. F. Monna, "The Concept of Function in the 19th and 20th Centuries, in Particular with Regard to the Discussion Between Baire, Borel, and Lebesgue," Arch. Hist.Ex. Sci. 9 (1972/73) 57–84.

D. Rüthing, "Some Definitions of the Concept of Function from John. Bernoulli to N. Bourbaki," Math. Intelligencer 6:4 (1984) 72–77

A. P. Youschkevitch, "The Concept of Function up to the Middle of the 19th Century," Arch. Hist. Ex. Sci. 16 (1976)

o

HISTORIA DE LA TRIGONOMETRÍA Y ALGUNAS CONSIDERACIONES DIDÁCTICAS SOBRE LAS FUNCIONES TRIGONOMÉTRICAS

Sastre Vázquez, P; Boubeé, C.; Rey, G. Villacampa Estevez, Y

RESUMEN: Si bien en la actualidad la trigonometría se ocupa de estudiar las relaciones entre los lados y los ángulos de un triángulo, e incluye el estudio de las funciones trigonométricas, los orígenes de la trigonometría se encuentran en el estudio de las cuerdas de arcos determinados por ángulos, y en las relaciones entre las alturas de objetos y las longitudes de las sombras proyectadas. Recién en el siglo XVI y a partir de la combinación de las medidas de las cuerdas, ángulos, arcos, y mediante la utilización de métodos algebraicos, es que comienza a desarrollarse la Trigonometría de forma sistemática hasta llegar al estado actual.

En el tratamiento didáctico de la noción de función se tiene en cuenta la naturaleza epistemológica del concepto, pero en general no parece haberse tenido en cuenta, a la hora de diseñar las herramientas del proceso de enseñanza aprendizaje, una diferenciación entre los diferentes tipos de funciones: algebraicas, exponenciales, logarítmica y trigonométricas. En tal sentido compartimos las preguntas que se formula Montiel Espinosa, G., 2005 ¿pueden aprenderse por igual, desde cualquier perspectiva, las funciones algebraicas que las transcendentes?, ¿no debemos atender la particularidad epistemológica de cada tipo de función: algebraica, exponencial, logarítmica, trigonométrica? Es objetivo de este trabajo realizar una revisión bibliográfica histórica de la noción de función trigonométrica, para posteriormente tomando como base este trabajo, detectar los posibles obstáculos epistemológicos relacionados con estas funciones y poder así diseñar las herramientas adecuadas para trabajar en el aula con estos conceptos.

INTRODUCCIÓN

En general durante las primeras presentaciones escolares de las funciones trigonométricas los estudios se restringen a las relaciones entre las medidas de los lados y de los ángulos interiores en triángulos rectángulos. Luego los estudios se extienden a ángulos superiores a 180º donde no existe un triángulo que se les asocie. Pero la mayor dificultad que se les presenta a los alumnos es cuando deben trabajar con funciones que combinan una parte algebraica con otra trascendente, como por ejemplo $f(x) = sen(x^2 + x) + x^3 + 3x$, es decir cuando se tratan estas funciones como funciones de una variable real.

Ferrari, 2001, puntualiza que la formación del pensamiento matemático, está íntimamente ligado al desarrollo de simbolismos específicos para representar a los objetos y a sus relaciones, por tanto, el progreso de los conocimientos implica la creación y el desarrollo de sistemas semióticos nuevos y específicos. Por su parte Duval, 1995, considera que no puede

o

existir comprensión en matemáticas si no se distingue un objeto de su representación, pero se requiere del manejo de estas representaciones para comprender el objeto.

Duval, presenta un caso, para función cuadrática, que ejemplifica este proceso con un esquema de la articulación de registros semióticos. Coincidimos con la reflexiones de Maldonado, S.; Montiel, G. y Cantoral, R., surgida de este ejemplo, quienes piensan que se requiere de un sistema de representación semiótico específico de este objeto. En otras palabras, que este sistema sería distinto de aquel que se utilice en la función lineal, o en una función trascendente por ejemplo.

Desde hace algún tiempo se ha percibido la especificidad epistemológica de las funciones trascendentes, cuyo tratamiento escolar es fuente de diversas dislexias escolares (Trujillo, 1995; Ferrari, 2001). Entre los trabajos que tratan de elaborar explicaciones que dotan de particularidades a su explicación, especialmente en lo referente a las funciones trascendentes podemos citar a Ferrari, 2001, Ferrari y Farfán, 2004; Lezama, 1999, 2003; Confrey y Smith, 1994, 1995; Martínez-Sierra 2002, 2003. Pero las dificultades ligadas al aprendizaje del concepto de función no pueden limitarse al manejo y articulación de sus representaciones, pues existen también obstáculos epistemológicos inherentes al concepto mismo. Tomar en consideración los elementos epistemológicos de la construcción de los conceptos nos hace pensar en cómo enfrentar la problemática del aprendizaje del concepto de función cuando tenemos distintos tipos de funciones (algebraicas, racionales, trascendentes, entre otras), cada una con origen en un contexto específico, con distintas propiedades analíticas, esto es, con epistemologías propias, (S. Maldonado, G. Montiel y R. Cantoral)

Durante nuestra práctica docente en el aula, hemos encontrado numerosas dificultades en los alumnos al trabajar con funciones trigonométricas, las cuales nos han motivado a tratar de investigar el origen de las mismas. Si bien en general en el tratamiento didáctico de la noción de función se tiene en cuenta la naturaleza epistemológica del concepto, en general no parece haberse tenido en cuenta, a la hora de diseñar las herramientas del proceso de enseñanza aprendizaje, una diferenciación entre los diferentes tipos de funciones: algebraicas, exponenciales, logarítmica y trigonométricas. En tal sentido compartimos las preguntas que se formula Montiel Espinosa, G., 2005, respecto del problema didáctico que plantea el estudio de la Función: ¿pueden aprenderse por igual, desde cualquier perspectiva, las funciones algebraicas que las transcendentes?, al incorporar una componente epistemológica a la explicación del fenómeno didáctico ¿no debemos atender la particularidad epistemológica de cada tipo de función: algebraica, exponencial, logarítmica, trigonométrica?

Es objetivo de este trabajo realizar una revisión bibliográfica de los comienzos históricos de la noción de función trigonométrica, para posteriormente tomando como base este trabajo, detectar los posibles obstáculos epistemológicos relacionados con estas funciones y poder así diseñar las herramientas adecuadas para trabajar en el aula con estos conceptos.

o

INICIOS PRÁCTICOS DE LA TRIGONOMETRÍA

Según Villuendas (1979), ningún historiador se atreve a fijar los inicios del desarrollo de la ciencia trigonométrica. Sin embargo algunos autores afirman que la historia de la trigonometría empieza en Egipto y Babilonia (Maor, 1998). Egipcios y babilónicos habían desarrollado métodos que les permitían medir los ángulos determinados por las estrellas. Conocían y usaban teoremas referidos a las razones entre los lados de triángulos semejantes. En el papiro de Ahmes (XVI a C) existen constancias que los egipcios sabían que la circunferencia de un círculo era un número fijo de veces su propio diámetro.

El Papiro de Rhind (1700 a. C. aproximadamente) es la fuente de información más importante sobre la actividad matemática egipcia y se le considera una guía de la medición y el cálculo (Heath, 1981). De este Papiro se extraen reglas para el cálculo de áreas de formas cuadradas, triangulares, circulares, etc.; y algunos rudimentos de trigonometría que se basan en los cálculos necesarios en la construcción de pirámides y monumentos. Si bien no es posible hablar de una trigonometría en la matemática egipcia, el problema 56 del papiro de Rhind nos presenta un ejemplo de los conocimientos que los egipcios poseían sobre este tema. Un problema fundamental de esa época era mantener la pendiente uniforme en cada una de las caras de las pirámides, y además, que la misma fuera igual en las cuatro caras. Definieron entonces el "seqt" equivalente a lo que hoy conocemos por pendiente de una superficie plana inclinada. Para las mediciones verticales utilizaban como unidad de medida el "codo" y para las horizontales la "mano" o "palmo" , que equivalía a 1/7 del codo. El problema 56 era el siguiente:

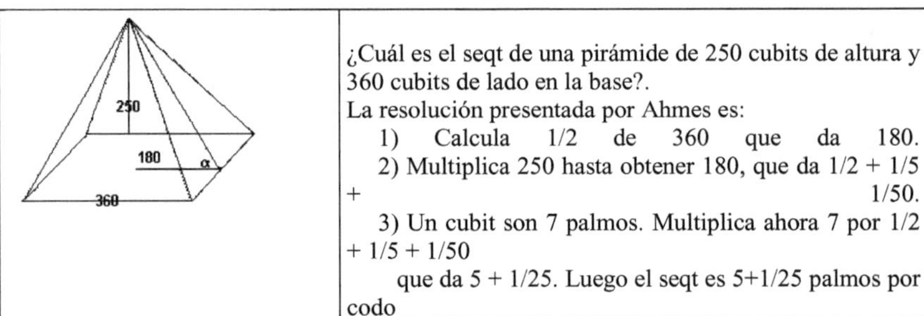

¿Cuál es el seqt de una pirámide de 250 cubits de altura y 360 cubits de lado en la base?.
La resolución presentada por Ahmes es:
1) Calcula 1/2 de 360 que da 180.
2) Multiplica 250 hasta obtener 180, que da 1/2 + 1/5 + 1/50.
3) Un cubit son 7 palmos. Multiplica ahora 7 por 1/2 + 1/5 + 1/50 que da 5 + 1/25. Luego el seqt es 5+1/25 palmos por codo

El seqt efectivamente coincide con la cotangente del ángulo, es decir es la pendiente de las caras laterales de la pirámide. Esta relación establecida por los egipcios centra la atención en las razones en términos de proporciones.

Siglos después y retomando el conocimiento de los egipcios, Thales (624 – 547 a C.) introduce la geometría a Grecia y desarrolla diversas ideas alrededor de los triángulos y sus ángulos. Sin embargo, se entiende que el uso de la palabra "similar" para describir los ángulos iguales de un triángulo isósceles indica que Thales no concebía el ángulo como una magnitud, sino como una figura que tenía una cierta forma, idea muy cercana a la egipcia seqt (Heath, 1981). A Tales de Mileto, uno de los siete sabios de Grecia, se le atribuye el descubrimiento de cinco teoremas geométricos y su participación en la determinación de las alturas de las pirámides de Egipto utilizando la relación entre los ángulos y lados de un triángulo.

Los griegos estudiaron de forma sistemática, ya desde la época de Hipócrates (460 a C) , las relaciones entre los ángulos, ó arcos, de ángulos centrales inscriptos en un círculo, y las longitudes de las cuerdas que estos determinaban. En la época prehelénica no existía un concepto para la medida de un ángulo. Y se llamaba Trilaterometría al estudio de las medidas de las partes de un triángulo.(Boyer, C. B. 1991).

Recién a principios de la Era Cristiana, con la escuela de Alejandría, los griegos dividieron la circunferencia en 360 partes iguales, muy probablemente tomando el modelo de los babilonios, llamando a cada una de estas partes "moira", vocablo que pasó al latín medieval como "de-gradus", " un grado a paso o partir de ". Dividieron a cada grado en 60 partes a las cuales llamaron "par minuta prima" o sea "primera parte nueva" de donde se deriva el su actual de "minuto". Cada uno de estos "pars" se dividió nuevamente en 60 partes dando lugar a lo que llamaron "par minuta segunda" , "segunda parte menor" de la cual se deriva "segundo", y que también posee el doble significado aplicable a la medición del tiempo.
Aristarco de Samos, en su obra "Sobre las medidas y distancias del Sol y la Luna" calculaba las distancias relativas Tierra-Sol, Tierra-Luna con procedimientos geométricos. Expresó la relación entre las distancias $\frac{\text{Tierra - Luna}}{\text{Luna - Sol}}$, que hoy en día es tan3°= 0.05, como la "distancia del Sol a la Luna es veinte veces la distancia de la Luna a la Tierra". Este cálculo es erróneo, pero no por el método, sino por los datos numéricos. El método geométrico es perfectamente válido, el problema estriba en que la discrepancia entre el lapso Luna nueva – Cuarto creciente con el sol a una distancia infinita y el mismo lapso con el sol a la distancia infinita que se encuentra no es de seis horas sino de cerca de 18 minutos (Ruiz y de Regules, 2002). Aristarco aproxima el seno de un ángulo expresado a partir de las razones de los lados de un triángulo rectángulo. La utilización de la geometría como base para cálculos que hoy consideramos trigonométricos es una constante en la ciencia griega. Otro cálculo que puso en funcionamiento diferentes técnicas geométricas fue el originado por la medida de la Tierra. Una de las mediciones más precisas por los conceptos involucrados fue la realizada por Eratóstenes.

Montiel Espinoza, G. 2005 considera que los cálculos y modelos de Hiparco y Eratóstenes son algunas, de las más importantes, bases de la trigonometría por dar aproximaciones muy buenas, por ejemplo, al seno de ciertos ángulos y por hacer uso de triángulos y las relaciones entre sus catetos. Pero lo que representa, a su parecer, el elemento más importante en la construcción de las nociones trigonométricas es la proporción expresada como razón en un sentido matemático abstracto, no la razón como la relación de dos catetos en el triángulo. Por ejemplo, Aristarco ve dos posibilidades ante la apariencia, en tamaño, idéntica de la Luna y el

o

Sol: 1) ambos cuerpos son del mismo tamaño y están a la misma distancia de la Tierra, o 2) un cuerpo es más grande que otro, pero su distancia respecto de la Tierra guarda una proporción respecto de la distancia a la Tierra del segundo cuerpo. Así, la localización de los tres cuerpos como vértices de un triángulo asociada a los fenómenos celestes, principalmente eclipses, lleva a la construcción de los modelos geométricos cuyo uso de las razones obedece a la condición de proporción entre las distancias de la Luna y el Sol respecto de la Tierra.

NACIMIENTO DE LA TRIGONOMETRÍA

Si bien se considera a Hiparco el "padre de la trigonometría" y fue Ptolomeo quien dio un paso de gigante para su desarrollo con su obra el "Almagesto", sin los "Elementos" de Euclides estos avances seguramente habrían tenido que esperar mucho tiempo. La obra de Euclides contiene algunas proposiciones que han sido
fundamentales para la construcción de las tablas de cuerdas, que marcaron los inicios de la trigonometría sistemática. También contiene el teorema del coseno que hoy utilizamos en clase para la resolución de triángulos, aunque en los "Elementos" el enunciado es geométrico y distingue entre triángulos obtusángulos (Euclides, II, 12) y acutángulos (Euclides, II, 13). (Glenn Elert. (1992-2005))

Hiparco (140 AC) escribió doce libros en los cual presenta las primeras tablas conocidas para las cuerdas de los ángulos. Hiparco estaba interesado algunas constantes astronómicas importantes. Publicó una serie de cartas de las estrellas, las cuales le requirieron realizar cuidadosos cálculos, especialmente para medir los lados de algunos triángulos.

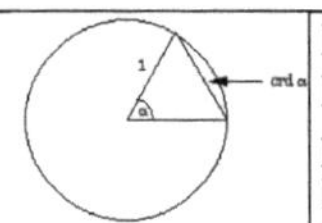	Para facilitar sus cálculos creo las tablas de cuerdas de algunos ángulos. Para los ángulos medidos en centro de un círculo de radio unitario, en pasos de 7° ½, mediante procesos geométricos encontró las longitudes de las cuerdas que sustentaban esos arcos. Por esta razón a menudo se ha llamado a Hiparlo como "padre de la Trigonometría"

El siguiente matemático que presentó tablas fue Menelao (100 AC), autor de 6 libros de tablas y quien además escribió el primer trabajo conocido sobre trigonometría esférica. Menelao probó una propiedad para los triángulos planos, y su correspondiente para esféricos, conocida como " regula sex quatitatum".El teorema de Menelao establece :

o

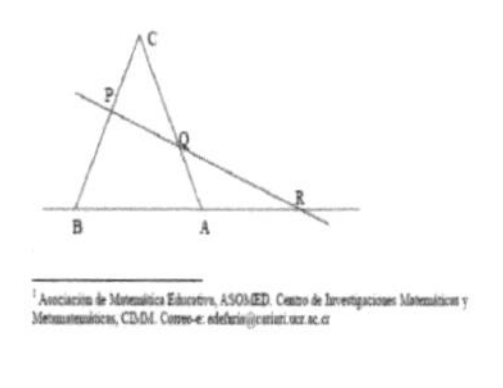	*" Si una línea corta los lados BC, AC y AB de un triángulo en los puntos P, Q y R, entonces el producto de las razones* $\frac{BP}{PC}\frac{CQ}{QA}\frac{AR}{RD}$ *vale uno"*

Alrededor del año 147 AD Tolomeo, C., realizó una recopilación de la matemática utilizada en Astronomía, *Syntaxis Mathematica* (*Mathematical Collection*). Debido a su habilidad para recopilar toda la información en forma clara y concisa su libro fue conocido como *Megale Syntaxis* (*Great Collection*). Más tarde al ser traducido al árabe se lo conoció como *al-Magisti* (*The Greatest*), que fue traducido al latín como *Almagestum*, y en inglés *The Almagest.*

En su obra Tolomeo describe los teoremas geométricos que utiliza para construir sus tablas. Para calcular las cuerdas de los ángulos de 36º, 72º, 60º , 90º y 120º, utilizó polígonos regulares de 3,4, 5, 6 y 10 lados inscriptos en círculos. Con éstos encontró un método que le permitió calcular las cuerdas sustentadas por esos ángulos, mediante la mitad del ángulo conocido y mediante interpolaciones logró, con bastante exactitud, calcular las cuerdas de otros ángulos. Con este método, por ejemplo, encontró que *sen 30'*, donde *sen 30'* equivale a la cuerda de 1', era, en base sesenta 0 31'25'' que convertido a base decimal es 0.0087268 correcto hasta la 6º cifra decimal (exactamente es 0.0087265)

Dado un círculo cuyo diámetro y su circunferencia se dividían respectivamente en 120 y 360 partes, Tolomeo pudo calcular las longitudes de cada ángulo central menor de 180º, en intervalos de medio grado. Tolomeo usó el sistema sexagesimal siguiendo la tradición de los astrónomos babilónicos.

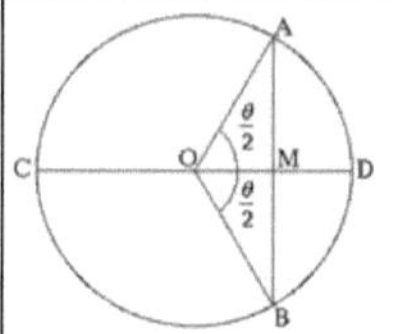	$sen\frac{\theta}{2}=\frac{AM}{OA}=\frac{2AM}{2OA}=\frac{AB}{diametro}=\frac{Cuerda\,\theta}{120}$ Donde cuerda θ es la longitud de la cuerda descripta por el ángulo central θ Esta tabla es similar a la tabla actual de senos.

Tolomeo establece el teorema que le permitirá operar con las longitudes encontradas, seguido de tres corolarios de donde se pueden calcular más longitudes de cuerda: la cuerda de la diferencia de dos arcos, la cuerda de la mitad de un arco y la cuerda de la suma de dos arcos. Dichos corolarios son equivalentes a las identidades trigonométricas para el seno de la diferencia de dos ángulos, el seno de la mitad de un ángulo y el seno de la suma de dos ángulos respectivamente.

Aproximadamente en el año 500 aparece la función seno de un ángulo en la apariencia con que la conocemos actualmente, en el libro hindú Aryabahata, en el cual se presentan tablas de las cuerdas que en realidad son tablas de los senos. Los hindúes usaron la palabra "jya" para denotar al seno, la cual fue adoptada por las árabes, pero debido a que fonéticamente este vocablo suena como "jiba" ellos usaron esta palabra. Más tarde se pasó a utilizar "jaib" cuyo significado es pliegue, doblez. Al traducir los europeos los libros árabes interpretaron la palabra "jaib" con su significado. Y entonces utilizaron "sinus" para denotar al seno ya que esta palabra posee el mismo significado que pliegue o doblez en el latín.

En los trabajos de Brahmagupta (628) se reproducen estas tablas y en 1150 Bhaskara detalló el método para construir las tablas para los senos de cualquier ángulo.

En su tratado de Astronomía Kitab al – Kabil, Abul Wefa define y hace uso de las seis funciones trigonométricas. Generalmente, en el mundo islámico se utilizaba un radio de longitud 60 unidades, como Ptolomeo; pues bien, Abul Wefa pretendiendo simplificar operaciones da a este radio el valor de 1, aunque no siempre lo utilizará así. Lo mismo hace al – Biruni (973 – 1048), iniciando así el camino hacia las razones trigonométricas actuales. Años más tarde, ya en pleno ocaso de la ciencia árabe, el matemático, físico, astrónomo, filósofo y teólogo iraní Nasir al Din Tusi (1201 – 1274), autor muy prolífico, aparte de disputar a Abul Wefa el ser el descubridor del teorema del seno, desliga por primera vez la Trigonometría de la Astronomía, haciéndola una ciencia independiente con su obra: Tratado del Cuadrilátero Completo que tuvo notable influencia sobre Regiomontano. (Montiel Espinoza, G. 2005)

Johann Müller (1436–1476), mejor conocido como Regiomontano, escribió el primer tratado extenso sobre trigonometría moderna. En su "De triagulis omnimodis libri quinque" desarrolla el tema partiendo de una conceptos geométricos básicos hasta llegar a la definición del seno. Muestra entonces, como resolver cualquier triángulo (plano o esférico) usando el seno del ángulo o el seno de su complemento (el coseno). Este tratado llega a manos de Copérnico, cuya obra supone el nacimiento de un nuevo paradigma en la ciencia de la astronomía: De revolutionibus orbium coelestium (finalizado hacia 1530 y publicado en 1543). Si bien De triangulis constituye una influencia para Copérnico, el Capitulo IX del Libro Primero de De revolutionibus sigue paso a paso los teoremas y razonamientos de Ptolomeo. (Montiel Espinoza, G. 2005)

o

La palabra *Trigonometría* recién aparece en 1595 en el libro "*Trigonometriae sive de dimensione triangulorum libri quinque*" de Bartolomaus Pitiscus (1561–1614). Durante el siglo XVII trigonometría toma el carácter analítico que conserva hasta nuestros días.Pero para hablar de trigonometría analítica fue necesario abandonar la compilación de tablas trigonométricas y destacar las relaciones trigonométricas. Sin embargo, el origen de dichas relaciones continuaba situado en un contexto geométrico, seguían representando a las cuerdas subtendidas por un arco. De hecho, Katz (1987) señala que dado que el seno y el coseno son los ejemplos de funciones periódicas más familiares uno esperaría que se hicieran presentes en cualquier discusión sobre fenómenos físicos periódicos; y de hecho así fue, pero en un contexto geométrico que no dio oportunidad al desarrollo de ideas analíticas. Esto debe interpretarse como una apreciación distinta de las propiedades de las relaciones trigonométricas. Por ejemplo, la periodicidad y el valor de las cuerdas (valores acotados) estaban vinculadas a la repetición de fenómenos astronómicos y a la posición de los planetas, y una vez que eran encontrados periodo y posición, no había razón para su estudio como propiedad de la relación trigonométrica en cuestión. (Montiel Espinoza, G. 2005)

Viète (1540-1603), es el primero que aplica métodos algebraicos a la trigonometría. Con la introducción de sus trabajos la trigonometría experimenta un cambio importante: *admite procesos infinitos en sus rangos*. En 1571, bajo el título de *Canon mathematicus seu ad triangula cum appendicibus*, Viète hace el primer tratamiento sistemático de los métodos para resolver triángulos planos y esféricos, usando las seis *funciones* trigonométricas.
En la época de Viète aun se consideraban las longitud de cuerda de un ángulo, más que el *seno* del ángulo, como la función trigonométrica básica, y ello sólo daba lugar a los segmentos no-negativos (o su equivalente a los *senos* positivos).

La invención de los logaritmos en 1614 por John Napier (1550 – 1617) auxiliaron en los cálculos numéricos, particularmente en la trigonometría. William Oughtred (1574–1660) fue el primero en usar símbolos trigonométricos, en su *Trigonometrie, or, The manner of Calculating the Sides and Angles of Triangles, by the Mathematical Canon, demostrated* (Inglaterra, 1657), usó las abreviaciones *s, t, se, s co, t co*, y *se co*, para el *seno, tangente, secante, coseno* (complemento del *seno*), *cotangente* y *cosecante*, respectivamente. Y, finalmente, el trabajo en series infinitas, precursor de los trabajos de Newton en esta dirección, de John Wallis (1616 – 1703). El estudio del infinito viene con un movimiento más grande en el quehacer matemático y que fue el impulso principal de la trigonometría analítica: la matemática se convierte en el instrumento para describir y analizar el mundo físico. (Montiel Espinoza, G. 2005)

Katz (1987) asume que la función trigonométrica entra al análisis cuando se hace explícito un estudio de sus propiedades y en tanto se opere para obtener sus derivadas e integrales, por lo tanto la ubica, ya como una función, en los trabajos de Euler. Sin embargo, resalta el uso de la

o

serie infinita en los trabajos de Newton y Leibniz (1646 - 1716) y Taylor (1685 - 1731) previamente.

La teoría newtoniana partía de una interpretación de los objetos geométricos como entidades generadas por un movimiento continuo, pero que no podía ser reducido a una geometría del movimiento y que se fundaba sobre un tratamiento de las ecuaciones algebraicas que prefiguraban de algún modo la noción analítica de la función (Panza, 2001). De ahí que notemos un cambio en la manera de usar la trigonometría, la compilación de tablas se sustituye por la relación de dos variables, el ángulo y el área bajo la curva, ahora como cantidades, aunque sigan teniendo como referente geométrico un triángulo inscrito en una circunferencia.

EL NACIMIENTO DE LA TANGENTE

Los conceptos de tangente y cotangente provienen de un origen que nada tiene que ver al la del seno, más aún, en un comienzo estas funciones no se asociaban con ángulos. Estas nociones comienzan a desarrollarse a partir de la necesidad de calcular las alturas a partir de la longitud de las sombras que los objetos proyectaban. Tales utilizó las longitudes de las sombra para calcular la altura de las pirámides.

Los árabes, alrededor del año 860, elaboraron las primeras tablas de sombras y para ello utilizaron dos medidas: "umbra recta" y "umbra versa". Definieron la "umbra versa" como la sombra que proyecta un ortostilo (parte del stilo que se encuentra en línea perpendicular a la superficie del reloj) sobre una pared vertical. De forma similar llamaron a la razón entre la longitud de la sombra y la longitud del ortostilo que la proyecta. Por otra parte, definieron a la "umbra recta" como la sombra proyectada por un ortostilo, sobre una superficie horizontal. Ambas umbras se encontraban en las partes traseras de los astrolabios árabes (860) y no eran ni mas ni menos que lo que hoy conocemos como las tangente y las cotangentes de un ángulo.

No fue sino hasta en el siglo X de la era cristiana cuando los árabes empezaron a estudiar longitudes análogas relacionadas con el radio de una circunferencia. Pero tuvo que pasar V siglos más para que la palabra tangente se le asignara a una recta tal como la indica por TN en la figura 3. la tangente a una circunferencia es la recta que toca en un solo punto (del latín: tango, " toco").

o

Supongamos que TN es parte de la tangente a la circunferencia de la figura; ON el radio y OT la prolongación de una recta en movimiento o radio vector. En el siglo XVI los matemáticos empezaron a designar a TN como la tangente del ángulo TON.	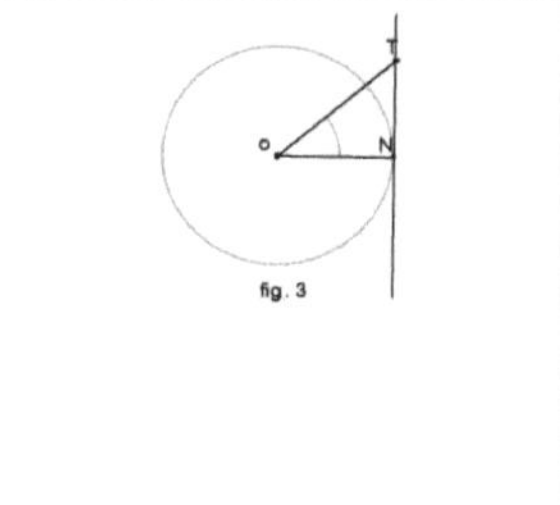

Viete usó "amsinus" y " prosinus" para denotar las tangentes y las cotangentes. El primero en utilizar la palabra "tang" fue Fincke, Thomas (1583) y Gunter, E. (1620) fue el primero que usó "cotag". Cavarielri usaba: "Ta" y Ta.2"; Oughtred: "t" y " t co ar", mientras que Wallis utilizó "T" y "t". En 1626, con Girard Albert, aparece la abreviatura usual a nuestra época: "tan" y 1674, Mooore usa "cot".

EL NACIMIENTO DE LA SECANTE Y COSECANTE

Los primeros astrónomos no utilizaban ni la secante ni la cosecante. Estas recién comenzaron a usarse en el siglo XV, con el comienzo de la preparación de las primeras tablas de estas funciones. Sin embargo Copérnico conocía la secante a la cual denominaba "hipotenusa". Viete conocía los resultados. $\frac{\cos ecx}{\sec x} = \cot x = \frac{1}{\tan x}$. Cavalieri usaba "se y "se.2", ; Oughtred: "se arc" y "sec co arc"; Wallis: ¡s y Girard usaba " sec" escrito ABOVE del ángulo como lo hacía también para la tangente. Con el libro de Pitiscus (1595) aparece por primera vez este vocablo.

CONCLUSIONES

La trigonométrica tiene su origen en la medición, la construcción, el "cálculo de sombras" y la Astronomía. En sus comienzos ésta no trató directa y exclusivamente con la similitud de dos triángulos rectángulos.

Desde la época de Hiparco hasta los tiempos modernos no existían conceptos como "razones trigonométricas". Los griegos, y luego los indios y los árabes usaban "líneas trigonométricas", las cuales en principio fueron tomadas de las cuerdas en un círculo y que Tolomeo asoció a

o

valores numéricos. Las relaciones establecidas por los egipcios centran la atención en las razones en términos de proporciones.

Los griegos se platearon como problema teórico el estudio de triángulos, planos o esféricos, inscriptos en círculos o esferas, con lo cual los lados del mismo se convertían en cuerdas. Luego para calcular las partes del triángulo debían encontrar la longitud de las cuerdas como función del ángulo central que les correspondían. La utilización de la geometría como base para cálculos que hoy consideramos trigonométricos es una constante en la ciencia griega.

Teniendo en cuenta lo anterior parecería que la limitación que introduce el tratamiento de las funciones trigonométricas restringidas a los ángulos de un triángulo es matemáticamente innecesaria, y de hecho podría constituir un obstáculo didáctico para el aprendizaje. Otro de los posibles obstáculos es probable se encuentre en el paso de la medida de los ángulos en grados a la medida de los ángulos en radianes imprescindible para la definición de las funciones trigonométricas en el campo de los números reales.

Al comenzar con el estudio de las funciones trigonométricas, en el primer curso de Análisis Matemático, se supone que los alumnos han estudiado trigonometría y que están familiarizados con las definiciones de las relaciones trigonométricas basadas en triángulos rectángulos. Pero es de hacer notar que durante esa etapa no se habla aún de funciones, sino más bien se trata con razones entre lados de un triángulo rectángulo y refiriéndose a un ángulo, generalmente medido en grados sexagesimales, en particular del triángulo.

Durante las primeras lecciones de trigonometría se trabaja con ángulos, en general referidos a un triángulo y medidos en grados sexagesimales, es decir que en todo caso, con referencia al sistema radial de medición, se trabaja con funciones cuyo dominio no son los reales, sino un subconjunto de estos restringido a los ángulos comprendidos entre 0 y π. Luego se incorporan los ángulos que exceden este valor, pero aún así quedan excluidos del dominio de las funciones los ángulos negativos, incorporación ésta que se hace de una forma didáctica no muy clara. Todas estas consideraciones respecto al dominio de las funciones, en general no se explicitan durante la actividad docente.

Teniendo en cuenta que Euler, (siglo XVIII), en su obra *Introductio in analysin infinitorum* en la cual hace un tratamiento estrictamente analítico (y no geométrico) de las funciones trigonométricas, *presenta al seno de un ángulo ya no como un segmento, sino simplemente como un número*, (el elemento más importante en la construcción de las nociones trigonométricas es la proporción expresada como razón en un sentido matemático abstracto, no la razón como la relación de dos catetos) la ordenada de un punto de la circunferencia unidad, es que nos plateamos si entonces tal vez no sería más apropiado definir las funciones trigonométricas tomando como base el círculo unitario, ya que de esta forma sus dominios son conjuntos de números reales en lugar de conjuntos de ángulos.

o

Una posible idea, por ejemplo, sería definir a la función seno , $f(x) = sen\ x$, como aquella que a cada punto de la circunferencia unidad le asocia la ordenada del punto, PQ. De forma similar podrían definirse las restantes funciones trigonométricas realizando las correspondientes asociaciones a los segmentos BN, TA y OQ. Sin embargo esta sólo es una idea que debería ser estudiada con mucho detalle en posteriores trabajos.	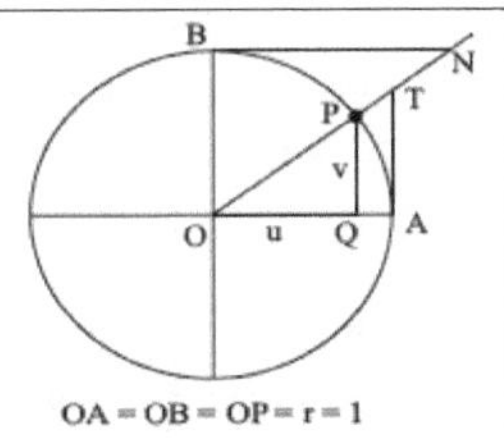

BIBLIOGRAFIA

Boyer, C. (1989). A history of mathematics. New York: Wiley. Cinvestav – IPN. México.

Confrey, J. y Smith, E. (1994). Exponential functions, rates of change, and the multiplicative unit. Educational Studies in Mathematics 26, 135-164.

Confrey, J. y Smith, E. (1995). Splitting, covariation, and their role in the development of exponential functions. Journal for Research in Mathematics Education 26(1) 66-86.

de Maestría no publicada, Departamento de Matemática Educativa del Cinvestav-IPN. México

Duval, R. (1995) *Semiosis y Pensamiento Humano. Registros semióticos y aprendizajes intelectuales.*Estrategias de aprendizaje. México, Cinvestav – IPN

Ferrari, M. (2001). Una visión socioepistemológica. Estudio de la función logaritmo. Tesis de Maestría, Departamento de Matemática Educativa del Cinvestav-IPN, México.

Ferrari, M. y Farfán, R. M. (2004). La covariación de progresiones en la resignificación de funciones. En L. Díaz (Ed.). Acta Latinoamericana de Matemática Educativa Vol. XVII. (pp. 145 -149).

Heath, T. (1981). A history of Greek Mathematics. NY, USA: Dover.

Lezama, J. (1999). Un estudio de reproduciblidad: El caso de la función exponencial, Tesis

Lezama, J. (2003). Un estudio de reproducibilidad de situaciones didácticas. Tesis de doctorado, no publicada. DME-Cinvestav-IPN, México.

o

Maldonado, G. Montiel y R. Cantoral . Construyendo la noción de función trigonométrica: Universidad del Valle, Instituto de Educación y Pedagogía, Grupo de Educación Matemática.

Maor, E. (1998). Trigonometric delights. USA: Princeton University Press.[Versión electrónica disponible el 13 de Octubre de 2005 en http://pup.princeton.edu/books/maor/].

Martínez-Sierra, G. (2002). Explicación sistémica de fenómenos didácticos ligados a las convenciones de los exponentes. Revista Latinoamericana de Investigación en Matemática Educativa 5(1) 45-78.

Martínez-Sierra, G. (2003). Caracterización de la convención matemática como mecanismo de construcción de conocimiento. El caso de de su funcionamiento en los exponentes. Tesis de doctorado. Centro de Investigación en Ciencia Aplicada y Tecnología Avanzada de IPN. CICATA-IPN. México.

Montiel Espinosa, G. (2005) Estudio Socioepistemológico de la Función Trigonométrica. Tesis que para obtener el grado de Doctora en Ciencias en Matemática Educativa . Directores de Tesis: Dr. Ricardo Cantoral

Uriza Dr. Apolo Castañeda Alonso Instituto Politenico Nacional. Centro de investigación en ciencia aplicada y tecnología avanzada. México

Ruiz, C. y de Regules, S. (2002). El piropo matemático. De los números a las estrellas. México: Lectorum.

Trujillo, R. (1995). Problemática de la enseñanza de los logaritmos en el nivel medio superior. Un enfoque sistémico. Tesis de Maestría, Departamento de Matemática Educativa del Cinvestav-IPN, México.

Villuendas, M. V., (1979),La trigonometria europea en el siglo XI. Estudio de la obra de Ibn Muad "El Kitab mayhulat", Barcelona ,Instituto de Historia de la Ciencia de la Real Academia de Buenas Letras.

o

ALGUNOS APORTES A LA ENSEÑANZA DE LAS FUNCIONES

Rey, G.; Boubée, C.; Sastre Vazquez, P.; Cañibano, A.; Suhurt, V.; Scempio, V.

RESUMEN: Nuestra experiencia en el aula nos habla de las dificultades que tienen por lo general los alumnos en comprender el concepto de función; en especial éstas aparecen cuando utiliza las representaciones de dicho concepto. Observando el repertorio de concepciones parciales identificadas en los alumnos puede inferirse que éstas se deben, en parte, a las condiciones y restricciones que impone el sistema escolar sobre el aprendizaje, tanto de éste como de otros conocimientos. Las limitaciones de nuestros alumnos están relacionadas, muchas veces, con la ausencia del potencial modelizador de la noción de función, el excesivo hincapié en el registro algebraico, la falta de articulación entre registros, el oscurecimiento de los elementos fundamentales de variabilidad y dependencia, y el trabajo descontextualizado, tan frecuente en matemática. Como docentes que aspiramos a la mejora de nuestras prácticas, proponemos algunos aportes didácticos simples y viables, para intentar revertir los problemas encontrados.

INTRODUCCIÓN

De las múltiples dificultades que presentan los alumnos ingresantes a la Universidad, dentro del área Matemática, creemos que por su generalización y por su importancia en el desarrollo de las carreras relacionadas con la agronomía, se destaca el tema "funciones". El presente trabajo intenta aportar elementos alternativos para el abordaje didáctico de este tema, y en particular de la función lineal. El concepto de función, como otros, es abordado en la enseñanza secundaria o polimodal, pero los alumnos ingresantes a la Universidad no demuestran haber adquirido la capacidad de interpretar, definir y graficar funciones que modelicen situaciones problemáticas, tanto del campo de la matemática como de otras áreas del conocimiento.

DESARROLLO

Todos los objetos de saber sufren un importante trabajo de preparación didáctica, trabajo de transformación elaborado apuntando al pasaje de estos objetos al seno de la situación de enseñanza. Tanto los libros de texto como los programas oficiales adaptan los objetos matemáticos a ciertas exigencias que precisa todo saber que se desea incluir en el sistema de enseñanza, las que le provocan transformaciones.

Algunas de las exigencias a las que nos referimos son las siguientes (Ruiz Higueras, 1998):

- Dividirlo en campos de saber delimitados, dando lugar a un fraccionamiento y autonomización de los saberes parciales;
- Definir una progresión ordenada en el tiempo, lo que implica una programación de los aprendizajes;

o

- Verificar la conformidad entre la progresión y los conocimientos de los alumnos, lo que se expresa en objetivos o expectativas de logro y que implica la necesidad de evaluación;
- La explicitación de algunas nociones matemáticas que se emplearán como herramientas para resolver problemas, lo que implica su introducción como objetos de estudio.

En varios libros de texto, el concepto de función aparece como caso particular del concepto de relación y éste es definido a partir de algunos conceptos elementales de la teoría de conjuntos.

En muchos casos, primero se formaliza el conocimiento a enseñar y luego se lo aplica en la resolución de ejercicios que, en general, están construidos exclusivamente para la aplicación directa del concepto aprendido, sin ningún tipo de transformación.

Ruiz Higueras expresa:

"Nuestros alumnos de secundaria manifiestan en general una concepción de la noción de función como un procedimiento algorítmico de cálculo... Podemos decir que sus definiciones no determinan el objeto función, sino las relaciones que han mantenido con él".

"Tanto se ha descompuesto el objeto función en segmentos para su enseñanza que el alumno no logra unificarlos dándoles una significación global. El alumno ha visto muchos objetos allí donde sólo debía existir uno".

Encontramos en nuestros alumnos una diversidad de concepciones respecto de la noción de función. Probablemente, el sistema de enseñanza del que provienen no ha promovido el estudio y análisis de la variabilidad de fenómenos sujetos a cambio, donde las funciones encontrarían una especial significación estrechamente ligada a sus orígenes epistemológicos. Las situaciones ligadas a las diferentes concepciones de los alumnos se refieren al uso de rutinas y procedimientos algorítmicos: construir tablas, calcular dominios, representar funciones, etc. Se utilizan fórmulas como "recetas", sin utilizar su gran poder modelizador. Las fórmulas algebraicas son visualizadas como conjunto de técnicas eficaces para encontrar el valor de las incógnitas, esta concepción elimina el sentido de variabilidad, movilizando incógnitas en lugar de variables. El tratamiento dado por el sistema de enseñanza a la noción de función da lugar a la formación de concepciones muy limitadas, que no generan una concepción más completa de la misma.

Dado que la variable didáctica es la única que depende casi exclusivamente de una elección docente o de un proyecto del sistema educativo, nos detenemos sobre ésta e intentamos plantear algunos aportes vinculados a ella.

o

Pensar en modificaciones didácticamente posibles de llevar a cabo para optimizar el aprendizaje de los alumnos, nos ha hecho plantear distintos interrogantes.

¿Cuáles son las dificultades más frecuentes de los alumnos referidas a este concepto? ¿Cómo tratar los errores que cometen? ¿A qué aspectos conviene dar más importancia? ¿Cómo encarar la enseñanza, en la Universidad, de un tema visto en niveles anteriores?

Somos concientes que la formación de un concepto matemático se lleva a cabo a través de un largo proceso. Shlomo Vinner (1983), presenta un modelo de construcción de un concepto, que involucra las representaciones, las propiedades asociadas al concepto y las definiciones del mismo.

Dice este autor:

> *"Sea C un concepto y P una persona. La representación mental que P hace de C es el conjunto de todas las representaciones que se han asociado con C en la mente de P. La palabra representación está usada en sentido amplio e incluye cualquier representación visual del concepto, incluyendo símbolos. El gráfico de una función específica, algún diagrama, fórmula y/o tabla, la expresión simbólica $y = f(x)$, etc. pueden estar incluidas en la representación mental del concepto de función de alguna persona.*
>
> *Además de la representación mental de un concepto puede haber un conjunto de propiedades asociadas con el concepto (en la mente de nuestra persona P). Por ejemplo, si alguien piensa que una función siempre se puede expresar por una única fórmula, en su mente se encuentra esta propiedad asociada al concepto de función (existe en su mente esta asociación, independientemente de su veracidad). Se llama imagen de un concepto a su representación mental junto con el conjunto de propiedades asociadas al concepto. Queda claro por su definición, que la imagen de un concepto es propia de cada persona.*
>
> *Se entiende por definición de un concepto a una formulación verbal que explica el concepto con precisión, en un sentido no circular Para algunos conceptos tenemos sumada a su imagen mental su definición verbal, para muchos otros sólo tenemos su imagen. Por ejemplo, no tenemos una definición de naranja, casa, etc., pero si muy claras imágenes mentales de los mismos. Ellos fueron adquiridos cuando éramos chicos, probablemente por medio de definiciones ostensivas.*
>
> *El modelo plantea la existencia, en la estructura cognitiva, de dos celdas diferentes: una para la imagen del concepto y otra para su definición verbal (para evitar confusión aclaramos que no se trata de celdas biológicas). Puede existir interacción entre ambas aunque pueden haberse formado independientemente. La forma de introducir un concepto puede activar una o la otra.*

o

Para manipular un concepto se necesita la imagen del concepto y no su definición. Al pensar o reflexionar casi siempre se evoca la imagen del concepto y no su definición. Esto es así sobre todo en el aprendizaje informal. En el aprendizaje formal la situación puede ser diferente, aquí sí entra en juego la definición verbal. Las definiciones verbales tienen dos orígenes: o bien nos las han enseñado o bien las fabricamos cuando tenemos que explicar otros conceptos. Las que nos han enseñado forman parte de un sistema general (en el caso de conceptos matemáticos y científicos en general) al que no estamos necesariamente familiarizados. A veces nos presentan definiciones antes de que tengamos una imagen del concepto y esperamos aprender más para llenar este vacío. Las definiciones verbales tienen su razón de ser: por un lado ayudan a formar la imagen del concepto y por otro son de utilidad en la ejecución de ciertas tareas cognitivas".

Muchas de las dificultades que tienen los alumnos aparecen cuando utilizan las representaciones del concepto de función, que son muy variadas, a veces limitadas y no siempre veraces.

Las limitaciones están relacionadas, muchas veces, con la ausencia del potencial modelizador de la noción de función. Uno de los conceptos constitutivos de la noción de función entendida como herramienta apta para modelizar fenómenos de cambio es la noción de dependencia. La noción de dependencia implica la existencia de un vínculo entre cantidades y conlleva la idea de que un cambio en una de las cantidades tendrá efectos sobre las otras.

Pero la noción de dependencia es difícilmente identificable sin otra noción que constituye el verdadero punto de partida del concepto de función la variabilidad. En efecto, el único medio de percibir que una cosa depende de otra es hacer variar cada una por vez y constatar el efecto de la variación. Los principales elementos que integran la noción de función son, entonces, la variación, la dependencia, la correspondencia, la simbolización y expresión de la dependencia, y sus distintas formas de representación.

Para que las funciones puedan ser una verdadera herramienta de modelización, es necesario que no se oscurezca su esencial significado de dependencia entre variables, perdiendo su carácter dinámico para transformarse en algo puramente estático.

El COPREM (Comisión para la Reflexión sobre la Enseñanza de la Matemática) formuló la siguiente recomendación (1978): "Una función no es ni una estadística de valores ni una representación gráfica ni un conjunto de cálculos ni una fórmula, sino todo ello al mismo tiempo".

El concepto de función permite modelizar múltiples situaciones del mundo real, relacionando variables diversas. De esta manera, se posibilita el análisis de las situaciones desde un punto de vista dinámico, lo que permite sacar conclusiones y formular generalizaciones.

o

Caracterizaremos brevemente a la actividad matemática y al proceso de estudio de la matemática, siguiendo a Chevallard, Gascón y Bosch (1997), como el trabajo de modelización encaminado a resolver problemas pertenecientes tanto a objetos o procedimientos propios de la matemática (intramatemáticos) como a objetos o fenómenos ajenos a la matemática (extramatemáticos).

Se debe tener en cuenta en la elección de problemas, que estén formulados dentro de un marco que le resulte familiar a los alumnos, o de fácil apropiación, incluyendo conocimientos con los que el alumno ya esté familiarizado. En la siguiente tabla mostramos distintas formas de abordar un mismo contenido, en este caso referido a función lineal, con actividades contextualizadas, o no:

Contenido Matemático	**Actividad Contextualizada**	**Actividad Descontextualizada**
Ecuación de la recta que pasa por dos puntos.	Un cultivo de soja produce 2,6 ton/ha aplicando una fertilización con fosfato diamónico (DAP) de 45kg/ha, y produce 3 ton/ha si se fertiliza con 55 kg DAP/ha. a) Expresar la relación entre la producción (P) y la fertilización (f) con DAP en forma de función P(f). b) Otra variedad de soja se comporta diferente frente al mismo fertilizante: produce 2,7 ton/ha si se aplican 40 kg DAP/ha, y 3,3 ton/ha si se agregan 60 kg DAP/ha. Exprese la relación $P_2(f)$. c) Compare el comportamiento de ambas variedades y saque conclusiones. d) ¿Qué información está representada en la pendiente y la ordenada al origen de cada una de las funciones?	Hallar la ecuación de la recta que pasa por los puntos $P_1(45; 2,6)$ y P_2 (55;3). Graficar. Identificar pendiente y ordenada al origen.

o

<table>
<tr>
<td rowspan="2">Ecuación de la recta que pasa por un punto y tiene pendiente u ordenada conocida.</td>
<td rowspan="2">En una experiencia de alimentación de ganado bovino, el lote A es alimentado con forraje natural, iniciando la experiencia con un promedio de 300 kg de peso por animal, y alcanzando los 360 kg promedio a los 90 días.

El lote B es suplementado con grano, teniendo un peso promedio de 290 kg por animal a los 15 días de iniciada la experiencia, y aumentando 800 g/día.

Si la relación planteada se adapta a una función lineal:

a) Hallar las ecuaciones correspondientes para el lote A y para el lote B.

b) Grafique las rectas correspondientes en un mismo sistema de ejes.

c) Compare ambas ecuaciones y responda:

c.1) ¿Qué lote alcanza antes los 350 kg por animal?

c.2) ¿Cuál sería el peso promedio del lote luego de 100 días de experiencia?

c.3) ¿Qué tipo de alimentación es más eficiente para el engorde del ganado, y como lo reflejan las ecuaciones?</td>
<td>Hallar la ecuación de la recta que pasa por P (360; 90) y corta al eje y en 300. Graficar.</td>
</tr>
<tr>
<td>Hallar la ecuación de la recta cuya pendiente es $m = 800$ y pasa por P (290; 15). Graficar.</td>
</tr>
</table>

Para resolver un problema matemático es necesario identificar a qué conceptos y a qué resultados ya producidos recurrir, es decir, el dominio de la matemática en el que conviene encararlo. Dado que existen muchas maneras de presentar o expresar una información, es necesario encontrar una representación adecuada para cada concepto matemático involucrado.

El concepto de función puede admitir representaciones en diferentes registros, con diversos alcances y limitaciones. Un registro no está ligado ni a objetos ni a conceptos particulares; está constituido por los signos, en el sentido más amplio del término: trazos, símbolos, íconos. Los registros son medios de expresión y de representación y se caracterizan precisamente por las posibilidades ligadas a su sistema semiótico. Un registro da la posibilidad de representar un objeto, una idea o un concepto, no necesariamente matemático.

La noción de función puede representarse en diferentes registros:

- Registro verbal: En este registro la función admite como representación una descripción en lenguaje natural. Si se quiere estudiar un fenómeno utilizando una función como modelo, se cuenta generalmente, en principio, con una descripción de este tipo.
- Registro tabla: En este registro, una función se representa con una tabla de valores que pone en juego la relación de correspondencia. Este registro tiene limitaciones ya que en una tabla sólo puede incluirse un número finito de pares de valores.
- Registro gráfico: En este registro, una función se puede representar por medio de una curva (continua o no) en el plano cartesiano. Se pone en juego la noción de grafo de una función. También presenta limitaciones, ya que como en el caso de la tabla, es necesario imaginar que continúa más allá de lo que es posible observar.
- Registro algebraico: En este registro, una función se puede representar por una expresión algebraica o fórmula, que permite calcular la imagen f(x) para toda x perteneciente al dominio de la función, por lo tanto esta representación tiene pocas limitaciones y son aquellas que provienen del cálculo.
- Registro algorítmico: en este registro, la representación de una función es un programa o un procedimiento, como los que utilizan las calculadoras o computadoras. Representa el proceso para calcular la imagen a partir de los valores del dominio.

La articulación entre el registro gráfico y algebraico resulta en general la más dificultosa para los alumnos. La lectura de representaciones gráficas involucra una interpretación global; ya que se trata de discriminar variables visuales y percibir las variaciones correspondientes en los símbolos de la escritura algebraica. En la enseñanza se suelen proponer actividades de pasaje de la representación algebraica de una función a la representación gráfica construida punto por punto y es poco frecuente que se considere el pasaje inverso.

En algún momento del aprendizaje del concepto de función, el alumno debería poder distinguir la función de sus representaciones. Las actividades de articulación entre registros podrían favorecer dicha diferenciación.

En la mayoría de los libros de texto referidos a función lineal, el alumno encuentra fórmulas para hallar la ecuación de la recta que pasa por un punto, conocida

o

la pendiente, o que pasa por dos puntos, y sus respectivas deducciones. Esas fórmulas son válidas, pero si el alumno no alcanza a apropiarse de su verdadero significado, pasan a ser simples fórmulas memorizadas, y si falla la memoria, la fórmula carecerá de utilidad.

	Con fórmula	**Sin fórmula**
Ecuacion de la recta dados un punto y la pendiente	$y - y_1 = m(x - x_1)$	Si tenemos un punto $P_1 = (x_1 ; y_1)$ que pertenece a una recta con pendiente m, entonces se puede obtener la ecuación de esa recta, dado que: Ecuación explícita de cualquier recta: $f(x) = mx + b$ Para este caso particular, $f(x) = y_1$; y $x = x_1$; entonces $y_1 = m\,x_1 + b$ Despejando $b = y_1 - m\,x_1$ La ecuación de esa recta es: $f(x) = m\,x + (y_1 - m\,x_1)$
Ecuacion de la recta dados dos puntos	$\frac{y - y_1}{y_2 - y_1} = \frac{x - x_1}{x_2 - x_1}$	Si tenemos dos puntos $P_1 = (x_1 ; y_1)$ y $P_2 = (x_2 ; y_2)$ que pertenecen a una recta, entonces se puede obtener la ecuación de esa recta, dado que: La pendiente de la recta, según fue definida, es $m = \frac{\Delta y}{\Delta x} = \frac{y_1 - y_2}{x_1 - x_2}$ Para este caso particular, para el punto P_1 : $f(x) = y_1$; y $x = x_1$; y para el punto P_2 : $f(x) = y_2$; y $x = x_2$ Entonces, hallada la pendiente y con uno de los dos puntos P_1 o P_2 , se puede utilizar la técnica desarrollada en el ítem anterior, resultando: $b = y_1 - m\,x_1$ o bien $b = y_2 - m\,x_2$ Entonces: $f(x) = m\,x + (y_1 - m\,x_1)$ o bien $f(x) = m\,x + (y_2 - m\,x_2)$

o

En cambio, utilizando el significado geométrico de la pendiente y de la ordenada al origen, puede hallarse la ecuación de una función lineal y graficarla sin la realización de una tabla de valores (x,y).

Esta metodología de trabajo evita la utilización de fórmulas de memoria, y ayuda a consolidar los conceptos y la interpretación de la función lineal y sus parámetros. Se trabaja conceptualmente y no memorísticamente, a lo cual nuestros alumnos no se hallan habituados y plantea un verdadero e importante desafío a los docentes.

CONCLUSIONES

La alternativa de enseñanza del tema función (y en particular función lineal) que pretendemos superadora de la clásica, se sostiene sobre los siguientes pilares:

- reconocimiento de las representaciones mentales de los alumnos adquiridas previamente al ingreso a la Universidad;
- poder modelizador del concepto de función, basado en sus elementos constitutivos de dependencia y variabilidad que le otorgan su carácter dinámico;
- diferenciación del concepto de función de sus representaciones en los distintos registros;
- resolución de situaciones problemáticas contextualizadas, que promuevan la articulación entre los diferentes registros.

Cada docente, como constructor de su propia metodología de enseñanza, reformula constantemente su práctica docente. Es fundamental reflexionar sobre la propia práctica, analizarla, evaluarla, con vistas a aumentar su saber didáctico, en pos de tomar decisiones que mejoren la enseñanza y promuevan el aprendizaje. El docente necesita libertad y creatividad en su acción, pero debe hacer uso responsable de las mismas. Lo que está en juego es demasiado importante como para experimentar sin fundamentación.

BIBLIOGRAFÍA

Ruiz Higueras, L. *La noción de función: análisis epistemológico y didáctico.* Universidad de Jaén. España, 1998.

Camuyrano M. y otros. *Matemática. Temas de su Didáctica. Algunos aspectos de la enseñanza de las funciones.* Prociencia. Conicet. 1997.

Vinner S. *Definición e imagen de un concepto y la noción de función.* Universidad de Jerusalem. Israel. 1983.

Chevallard Y., Bosch M., Gascón J. *Estudiar Matemáticas. El eslabón perdido entre enseñanza y aprendizaje.* I.C.E. Universitat Barcelona. 1997.

o

U.N.C.P.B.A. Fac. de Cs. Exactas. Fac. de Cs. Humanas. *Aportes para la Enseñanza de la Matemática en el Tercer Ciclo de la EGB*. Tandil. 2000.

U.N.C.P.B.A. Fac. de Agronomía. *Introducción a la Matemática. Cuadernillo.* Azul. 2004.

o

CONSIDERACIONES SOBRE EL TRATAMIENTO DIDÁCTICO DE LAS FUNCIONES TRIGONOMÉTRICAS EN LA UNIVERSIDAD

Sastre Vázquez, P.; Rey, A.M.G.; Boubée, C.; Cañibano,A.

RESUMEN: En general, los programas de estudio de las escuelas de nivel medio que introducen el estudio de las funciones trigonométricas, lo hacen centrando el interés en el aprendizaje de los elementos que se encuentran relacionados con el uso de estas funciones como una herramienta para la solución de problemas geométricos. Así, se comienzan estudiando las medidas de los ángulos, los triángulos y por último el círculo trigonométrico. Si bien es cierto que estas funciones son muy útiles a la hora de resolver problemas en los cuales se encuentran involucrados ángulos, no menos cierto es que cuando se desea construir modelos, es prácticamente imprescindible concebir las funciones trigonométricas como funciones de un número real. En este trabajo se analizan distintas posibilidades de tratamiento didáctico, en el nivel universitario, de las funciones trigonométricas considerando ventajas y limitaciones de estrategias tales como el pasaje de la medida de la amplitud de los ángulos del sistema sexagesimal al sistema radial, y la definición de estas funciones como relaciones entre números reales prescindiendo del uso de ángulos.

INTRODUCCIÓN

Durante nuestra práctica docente en el aula, hemos encontrado numerosas dificultades en los alumnos al trabajar con funciones trigonométricas, las cuales nos han motivado a tratar de investigar el origen de las mismas. Si bien en general en el tratamiento didáctico de la noción de función se tiene en cuenta la naturaleza epistemológica del concepto, en general no parece haberse tenido en cuenta, a la hora de diseñar las herramientas del proceso de enseñanza aprendizaje, una diferenciación entre los diferentes tipos de funciones: algebraicas, exponenciales, logarítmica y trigonométricas. En tal sentido compartimos las preguntas que se formula Montiel Espinosa, G., 2005, respecto del problema didáctico que plantea el estudio de la Función: ¿pueden aprenderse por igual, desde cualquier perspectiva, las funciones algebraicas que las transcendentes?, al incorporar una componente epistemológica a la explicación del fenómeno didáctico ¿no debemos atender la particularidad epistemológica de cada tipo de función: algebraica, exponencial, logarítmica, trigonométrica?

Es objetivo de este trabajo realizar una revisión bibliográfica sobre las investigaciones que consideran aspectos didácticos sobre la noción de función trigonométrica, para posteriormente tomando como base este trabajo, detectar los posibles obstáculos epistemológicos relacionados con estas funciones y poder así diseñar las herramientas adecuadas para trabajar en el aula con estos conceptos

o

ANTECEDENTES

Desde hace algún tiempo se ha percibido la especificidad epistemológica de las funciones trascendentes, cuyo tratamiento escolar es fuente de diversas dislexias escolares (Trujillo, 1995; Ferrari, 2001). Tomar en consideración los elementos epistemológicos de la construcción de los conceptos nos hace pensar en cómo enfrentar la problemática del aprendizaje del concepto de función cuando tenemos distintos tipos de funciones (algebraicas, racionales, trascendentes, entre otras), cada una con origen en un contexto específico, con distintas propiedades analíticas, esto es, con epistemologías propias, (S. Maldonado, G. Montiel y R. Cantoral). Entre los trabajos que tratan de elaborar explicaciones que dotan de particularidades a su explicación, especialmente en lo referente a las funciones trascendentes podemos citar a Ferrari, 2001, Ferrari y Farfán, 2004; Lezama, 1999, 2003; Confrey y Smith, 1994, 1995; Martínez-Sierra 2002, 2003.

Según la National Council of Teachers of Mathematics (1992), el currículum de Matemáticas Básicas debe incluir la Trigonometría para que todos los estudiantes sean capaces de aplicarla en la resolución de problemas donde aparecen triángulos y puedan explorar los fenómenos periódicos del mundo real usando las funciones seno y coseno en general; luego conocer la conexión que existe entre el comportamiento de las funciones trigonométricas y los fenómenos periódicos, aplicar técnicas generales de representación gráfica de funciones trigonométricas, las propiedades de las funciones trigonométricas en el estudio de las coordenadas polares, vectores, números complejos y series..

Ahora bien, existen varias formas de introducir las funciones trigonométricas. Se las pueden definir:

1) como las proporciones entre los lados de un triángulo recto,
2) en términos de las coordenadas x e y de un punto P del círculo unitario *(interpretar las funciones trigonométricas como proyecciones)*
3) como ciertas funciones de los reales a algún subconjunto de los números reales
4) como cierta serie de potencias de una variable independiente

Cada uno de estos enfoques tiene sus ventajas y desventajas, y es claro no todos ellos son igualmente conveniente en el aula. Interpretar las funciones trigonométricas como proyecciones, tal como se indica en el punto 2), refleja un cambio en el énfasis de lo abstracto a lo práctico. No debe olvidarse que la trigonometría es una disciplina eminentemente práctica, que nació y se desarrolló fundamentalmente ligada a sus aplicaciones.

De Kee, Mura y Dionne (1996) y Shama, (1998) realizaron estudios sobre la comprensión de conceptos trigonométricos, utilizando en su investigación dos contextos. El primero de estos contextos fue el del triángulo rectángulo, mientras que el segundo fue el contexto de la circunferencia trigonométrica. Las representaciones dominantes entre los alumnos fueron:

o

1) como el procedimiento que consiste en dividir una entre otra las longitudes de dos lados de un triángulo (rectángulo) y que producen el seno o el coseno de un ángulo (agudo). Aunque a veces los alumnos aplicaban este procedimiento indebidamente a triángulos que no eran rectángulos o a ángulos que no eran agudos;
2) como coordenadas cartesianas de un punto en un círculo trigonométrico, esas coordenadas eran, para los alumnos, el coseno y el seno del «punto»;
3) como las funciones de una calculadora, funciones que proporcionaban, según los alumnos, el seno y el coseno de un número que expresaba la medida de un ángulo.
4) como las curvas de aspecto ondulado. Incluso algunos alumnos admitían que esas curvas seguían representando las mismas funciones cuando sufrían una rotación o un cambio de escala.
5) como una ecuación, aunque raramente recurrieron a ella y eran susceptibles de equivocarse cuando lo hacían.

De Kee, Mura y Dionne (1996) encontraron cuatro representaciones del seno y del coseno entre los estudiantes de secundaria, las cuales tiene que ver con: 1) las razones,2) las coordenadas cartesianas, 3) los valores que se obtienen en una calculadora y 4) las curvas con aspecto ondulado. Los estudiantes mostraron no haber establecido relaciones entre las diferentes representaciones del seno y del coseno antes enumerado. Si desea mejorar la comprensión es necesario promover y fortalecer las relaciones entre esas representaciones,

Espinosa (2005), señala que en general se encontraron concepciones alrededor de la función trigonométricas relacionadas a las concepciones ya estudiadas sobre el concepto de función general, consideran especialmente dos de ellas, por ser particulares de la función trigonométrica:

1) ... no se hace diferencia entre el seno como una *relación* trigonométrica y el seno como *función* trigonométrica...
2) ... una «función» es el conjunto de diferentes objetos que comúnmente llamamos funciones («la función trigonométrica es el conjunto, el coseno, el seno, todas esas cosas») ...

De Kee, Mura y Dionne (1996) señalan que para favorecer la comprensión hay que dar más importancia a los lazos entre las diversas representaciones de la noción. Analizan el papel que juega el círculo trigonométrico en el paso de las concepciones geométricas a las concepciones funcionales relacionadas con el seno y el coseno (y que constituye uno de los lazos más importantes entre la relación y la función trigonométrica):

Cuando comparamos el desempeño de los alumnos en el contexto del triángulo rectángulo y en el del círculo trigonométrico, constatamos que era mejor en el primer contexto, aun cuando el segundo estuviera más fresco en su mente, ya que acababan de terminar su estudio mientras que había pasado todo un año desde la presentación del primero. Observamos notoriamente pocas huellas de

o

comprensión, del género que fuera, de la función circular y de su papel en la definición de las funciones trigonométricas. Si pensamos que la función circular no es más que un medio didáctico destinado a volver más visual, más «concreta», la construcción de las funciones trigonométricas, esta constatación deja perplejo. Hay que reconocer que esta aproximación concretiza la definición de las funciones trigonométricas al precio de complicarla considerablemente.

Maldonado (2005) teniendo en cuenta la distinción socioepistemológica entre las funciones trascendentes y algebraicas, diseña un cuestionario, con base en los contenidos institucionales, para explorar las concepciones de los estudiantes alrededor de la función trigonométrica. Su diseño dibuja tres etapas escolares: el planteamiento de la razón trigonométrica, la relación entre ángulos medidos en grados y radianes, y la comprensión de las propiedades.

Otro aspecto importante implícito en las funciones trigonométricas es la periodicidad. Esta parece en la naturaleza, por todos lados. Las funciones periódicas son usadas para modelar numerosos fenómenos en meteorología, biología, química, física y en la tecnología. Este concepto cobra aún más relevancia si lo vemos como necesario para comprender la conducta de sistemas caóticos y sistemas no lineales.

Shama, (1998), estudió la periodicidad. Este autor señala que una función con período de longitud r, también tiene período de longitud nr, para cualquier número natural n. Sin embargo tanto los alumnos, como los profesores prefirieron identificar un período fundamental como el período. La mayoría de los estudiantes prefirieron identificar puntos de discontinuidad, puntos extremos o puntos cero como los puntos extremos de un período. Algunos estudiantes piensan que los extremos de un período tienen que ser iguales, para algunos incluso si un período termina y comienza en extremos diferentes no es un período.

Shama (1998) resalta en sus conclusiones que los estudiantes tienden a confundir el proceso con sus productos, entonces transfieren las propiedades del primero a los segundos. Entendida la periodicidad como proceso, se concibe entonces como fenómeno dependiente del tiempo. Por tanto, como un proceso que tiene un punto de inicio. Además, se tiende a asociar una dirección de ocurrencia al período como proceso es la frente de muchos de los errores que cometen los estudiantes.

Orhun, (2000), investigó sobre los errores y las concepciones erróneas de los alumnos respecto de la trigonometría. Entre sus conclusiones se destacan las siguientes:

1) los estudiantes no desarrollan conceptos claros de trigonometría,
2) algunos de ellos usan la notación algebraica de manera informal,
3) la mayoría no comprende el concepto de trigonometría numérica,
4) la trigonometría es comprendida como relaciones entre los ángulos y los lados de un triángulo rectángulo.

o

Orhun, (2000) adjudica todos estos errores y concepciones erróneas en los estudiantes, al método de enseñanza que predomina en las escuelas. Para superar estos problemas, recomienda enseñar primero las funciones trigonométricas como funciones reales y antes de entrar a tratar problemas con ángulos. También hace hincapié en la utilidad del uso de los gráficos de las funciones trigonométricas,

Blackett y Tall (1991) señalan que la enseñanza inicial de la trigonometría enfrenta varios problemas, entre los que se destacan:

1) el uso de bosquejos de triángulos comunicaría la idea que sólo se pueden obtener resultados precisos usando procedimientos numéricos y se usan dibujos estáticos en lugar de prestar atención a las relaciones cambiantes dinámicamente.
2) otras dificultades aparecen cuando el estudiante tiene que conceptualizar que pasa cuando un triángulo rectángulo cambia de dimensiones en dos maneras esencialmente diferentes: (1) en la medida que un ángulo agudo aumenta y la hipotenusa se mantiene fija, el lado opuesto aumenta y el lado adyacente decrece, (2) los ángulos permanecen constantes, el alargamiento de la hipotenusa por un factor dado cambia los otros dos lados por el mismo factor (Blackett y Tall, 1991).

Una manera de superar estas dificultades es mediante la introducción de un software que permita la manipulación dinámica de objetos matemáticos

Montiel (2005) afirma que el tratamiento escolar tradicional que se da en el nivel Medio Superior del concepto de Función Trigonométrica es una extensión de la Trigonometría Clásica, que encuentra en el círculo trigonométrico una explicación necesaria y suficiente para dejar claro:

1) el dominio de la función en todos los reales,
2) el significado de un ángulo negativo,
3) la conversión de la unidad de medida: grados ↔ radianes,
4) la equivalencia entre radianes y reales,
5) la periodicidad y el acotamiento de la función.

Esta autora considera que la programación de los temas referentes a Trigonometría y Funciones Trigonométricas en el Nivel Medio Superior y en el discurso matemático escolar asociado, permite que al final de este periodo las funciones trigonométricas puedan operarse (derivarse y, en algunos sistemas educativos, integrarse). En consecuencia, el discurso matemático escolar del Nivel Superior (NS) asume de entrada que la función trigonométrica ha sido aprendida por el estudiante, generando en el docente una indiferencia ante las explicaciones analíticas que problematizan la longitud de un arco, la conveniencia o necesidad del uso del radián, el significado analítico de la expresión en serie infinita de la función, etc.

o

Maldonado Mejía E. S. (2005) puntualiza que al tratar a las funciones trigonométricas como funciones reales, se tienen serias dificultades para tratarlas como tal, puesto que en el tratamiento escolar de las funciones como funciones reales, cuando se pasa de radianes a reales, no se lo hace explícito, por lo tanto los estudiantes no logran profundizar el concepto de función trigonométrica, puesto que no hacen diferencia, cuando se les presenta la función como función real.

CONCLUSIONES

Durante preparación del material didáctico necesario para la enseñanza de la trigonometría, en el nivel universitario, se deberían tomar en cuenta tanto las necesidades futuras de los estudiantes como los resultados de algunas investigaciones en educación matemática.

Al comenzar con el estudio de las funciones trigonométricas, en el primer curso de Análisis Matemático, se supone que los alumnos han estudiado trigonometría y que están familiarizados con las definiciones de las relaciones trigonométricas basadas en triángulos rectángulos. Pero es de hacer notar que durante esa etapa no se habla aún de funciones, sino más bien se trata con razones entre lados de un triángulo rectángulo y refiriéndose a un ángulo, generalmente medido en grados sexagesimales, en particular del triángulo. Algunas de las dificultades que los estudiantes tienen en apropiarse de los contenidos de la trigonometría están relacionadas con problemas en el aprendizaje de otros conceptos matemáticos. Dos de estos conceptos matemáticos son el de razón, de ángulo y de función. Sabemos que los estudiantes tienen problemas para aprender de razones, así como el de proporciones. El concepto de ángulo no es aprendido con facilidad por los estudiantes. Una dificultad adicional es que los alumnos estudian el concepto de ángulo por primera vez en geometría, luego en trigonometría se tiene que abandonar esas ideas de ángulo. Además, tenemos las dificultades que encuentran los estudiantes en el estudio de conceptos propios de la trigonometría, tal es el caso de la periodicidad.

Durante las primeras lecciones de trigonometría se trabaja con ángulos, en general referidos a un triángulo y medidos en grados sexagesimales, es decir que en todo caso, con referencia al sistema radial de medición, se trabaja con funciones cuyo dominio no son los reales, sino un subconjunto de estos restringido a los ángulos comprendidos entre 0 y π. Luego se incorporan los ángulos que exceden este valor, pero aún así quedan excluidos del dominio de las funciones los ángulos negativos, incorporación ésta que se hace de una forma didáctica no muy clara. Todas estas consideraciones respecto al dominio de las funciones, en general no se explicitan durante la actividad docente.

Teniendo en cuenta que Euler, (siglo XVIII), en su obra *Introductio in analysin infinitorum* en la cual hace un tratamiento estrictamente analítico (y no geométrico) de

o

las funciones trigonométricas, *presenta al seno de un ángulo ya no como un segmento, sino simplemente como un número*, (el elemento más importante en la construcción de las nociones trigonométricas es la proporción expresada como razón en un sentido matemático abstracto, no la razón como la relación de dos catetos) la ordenada de un punto de la circunferencia unidad, es que nos plateamos si entonces tal vez no sería más apropiado definir las funciones trigonométricas tomando como base el círculo unitario, ya que de esta forma sus dominios son conjuntos de números reales en lugar de conjuntos de ángulos.

El paso de la medida de los ángulos en grados a la medida de los ángulos en radianes plantea un escenario de interés para los estudios didácticos. En general la enseñanza de la trigonometría se limita a la enseñanza de las razones entre los lados de un triángulo rectángulo. Este hecho repercute negativamente en los estudiantes ya que los induce a poseer una idea reducida y hasta muchas veces erróneas sobre las funciones trigonometrías, ya que encuadran estas funciones en el estudio de los triángulos rectángulos lo cual tiene sus limitaciones, por ejemplo, el coseno de un ángulo recto. Es recomendable que la enseñanza de la trigonometría se inicie por el estudio de las funciones trigonométricas en contextos dinámicos, en especial con la ayuda de tecnologías como calculadoras y aplicaciones en computadora.

Existen importantes razones para desarrollar conceptos de trigonometría en el ámbito de los estudios universitarios, entre ellas destacamos las siguientes:

1) Durante el desarrollo de la Trigonometría se ilustran algunas propiedades matemáticas fundamentales de algunas funciones, como por ejemplo la esencia no-lineal de muchas de ellas.
2) El manejo de fórmulas permite desarrollar destrezas algebraicas y puede contribuir a una compresión más profunda estas funciones tan importantes.
3) Las funciones trigonométricas juegan un rol fundamental en casi todas las aplicaciones de la ciencia moderna. Estas funciones, especialmente el seno y el coseno, constituyen modelos matemáticos para muchos fenómenos periódicos del mundo real, tales como el movimiento circular uniforme, los cambios de temperatura, los biorritmos, las ondas de sonido y la variación de las mareas
4) El uso del sistema de coordenadas rectangulares es el más adecuado para el estudio de las funciones trigonométricas, como funciones reales, para su representación gráfica, cálculo de sus valores e identificación de sus propiedades.
5) Los estudiantes deben tener también la oportunidad de comprobar identidades trigonométricas básicas, ya que esta actividad fortalece la comprensión de las propiedades trigonométricas, y proporciona un nuevo contexto para demostraciones deductivas.

BIBLIOGRAFIA

Blackett, N. y Tall, D. (1991). Gender and th eversatile learning of trigonometry using computer software. Ponencia publicada en The Proceedings of the International Group

o

for the Psychology of Mathematics Education XV, Vol. 1 (pp. 144-151). Assisi, Italia. Disponible en: www.warwick.ac.uk/staff/David.Tall/ pdfs/dot1991g-blackett-trig-pme.pdf

Confrey, J. y Smith, E. (1994). Exponential functions, rates of change, and the multiplicative unit. Educational Studies in Mathematics 26, 135-164.

Confrey, J. y Smith, E. (1995). Splitting, covariation, and their role in the development of exponential functions. Journal for Research in Mathematics Education 26(1) 66-86. de Maestría no publicada, Departamento de Matemática Educativa del Cinvestav-IPN. México

De Kee, S., Moura, y Dionne, J. (s.f.). La comprensión de nociones del seno y el coseno en los alumnos de secundaria. Trabajo mimeografiado.

Ferrari, M. (2001). Una visión socioepistemológica. Estudio de la función logaritmo. Tesis de Maestría, Departamento de Matemática Educativa del Cinvestav-IPN, México.

Ferrari, M. y Farfán, R. M. (2004). La covariación de progresiones en la resignificación de funciones. En L. Díaz (Ed.). Acta Latinoamericana de Matemática Educativa Vol. XVII. (pp. 145 -149).

Lezama, J. (1999). Un estudio de reproduciblidad: El caso de la función exponencial, Tesis

Lezama, J. (2003). Un estudio de reproducibilidad de situaciones didácticas. Tesis de doctorado, no publicada. DME-Cinvestav-IPN, México.

Maldonado Mejía E. S. (2005) Un Análisis Didáctico de la Función Trigonométrica. Tesis Especialidad de Matemática Educativa Dirección: Dra. Rosa María Farfán Márquez México, D.F.

Maldonado, G. Montiel y R. Cantoral . Construyendo la noción de función trigonométrica: Universidad del Valle, Instituto de Educación y Pedagogía, Grupo de Educación Matemática.

Martínez-Sierra, G. (2002). Explicación sistémica de fenómenos didácticos ligados a las convenciones de los exponentes. Revista Latinoamericana de Investigación en Matemática Educativa 5(1) 45-78.

Martínez-Sierra, G. (2003). Caracterización de la convención matemática como mecanismo de construcción de conocimiento. El caso de de su funcionamiento en los exponentes. Tesis de doctorado. CICATA-IPN. México.

Montiel Espinosa, G. (2005) Estudio Socioepistemológico de la Función Trigonométrica. Tesis que para obtener el grado de Doctora en Ciencias en Matemática Educativa . Directores de Tesis: Dr. Ricardo Cantoral .México

o

Orhun, N. (2000). Studen's mistakes and misconceptions on teaching of trigonometry. Trabajo en línea. Disponible en: http://math.unipa.it/~grim/AOrhun.PDF

Shama, G. (1998). Understanding periodicity as a process with a Gestalt structure. Educational Studies in Mathematics, 35, 255-281.

Trujillo, R. (1995). Problemática de la enseñanza de los logaritmos en el nivel medio superior. Un enfoque sistémico. Tesis de Maestría, Departamento de Matemática Educativa del Cinvestav-IPN, México.

o

MÁXIMOS Y MÍNIMOS DE UNA FUNCIÓN: APLICACIÓN EN EL AJUSTE DE LA ECUACIÓN DE UNA RECTA

Sastre Vazquez, P.; Boubée, C.

RESUMEN: Si bien la enseñanza de la Matemática puede existir y desarrollarse como un ente teórico por completo independiente, resultará más efectiva cuando sus contenidos se relacionen con ideas propias de otras ciencias y de otras asignaturas del plan de estudios de las carreras Agrarias. Los docentes de matemática reconocemos la importancia de los temas de Análisis Matemático I y su estrecha relación con otros temas que los alumnos de este tipo de carreras Agrarias estudian en el resto de su carrera. Pero no siempre es sencillo mostrárselo a ellos. En este trabajo se busca mostrar la aplicación de las derivadas parciales para encontrar máximos o mínimos, y su posterior utilización en el ajuste de una recta. Este tema, conocido como regresión lineal y ajuste por mínimos cuadrados, se ve en Estadística, pero generalmente se utilizan fórmulas, sin que los alumnos sepan como se obtienen.

INTRODUCCION

En numerosas situaciones se requiere analizar la relación entre dos variables cuantitativas. La importancia de las distribuciones bidimensionales radica en investigar como influye una variable sobre la otra. Esta puede ser una dependencia causa efecto, por ejemplo, la cantidad de lluvia (causa), da lugar a un aumento de la producción agrícola (efecto). O bien, el aumento del precio de un bien, da lugar a una disminución de la cantidad demandada del mismo.

Los dos objetivos fundamentales de este análisis son, por un lado, determinar si dichas variables están asociadas y en qué sentido se da dicha asociación (es decir, si los valores de una de las variables tienden a aumentar - o disminuir - al aumentar los valores de la otra); y por otro, estudiar si los valores de una variable pueden ser utilizados para predecir el valor de la otra. La forma correcta de abordar el primer problema es recurriendo a coeficientes de correlación. Sin embargo, el estudio de la correlación es insuficiente para obtener una respuesta a la segunda cuestión: se limita a indicar la fuerza de la asociación mediante un único número, tratando las variables de modo simétrico. Si el propósito es modelizar dicha relación y usar una de las variables para explicar la otra, se recurre a la técnica de regresión. Aquí se analiza el caso más sencillo en el que se considera únicamente la relación entre dos variables y en el cual la relación que se pretende modelizar es de tipo lineal.

LA RECTA DE REGRESION

Sea una variable aleatoria respuesta (o dependiente) Y, que se supone relacionada con otra variable, medida sin error (no necesariamente aleatoria), que se llamará explicativa, predictora o independiente y que se denotará por X. A partir de una muestra de N individuos para los que se dispone de los valores de ambas variables, $\{(X_i,Y_i),\ i = 1,...,N\}$, se puede visualizar gráficamente, Gráfico 1, la relación existente entre ambas mediante un gráfico de dispersión, en el que los valores de la variable X se disponen en el eje horizontal y los de Y en el vertical.

o

Gráfico 1: Gráfico de dispersión.

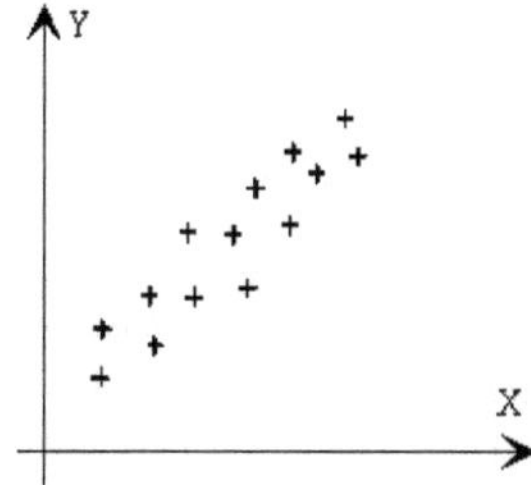

El problema que subyace a la metodología de la regresión lineal simple es el de encontrar una recta que ajuste a la nube de puntos del diagrama así dibujado, y que pueda ser utilizada para predecir los valores de *Y* a partir de los de *X*. Si se pudiera trazar una recta a través de todos los puntos quedaría resuelto el problema de predicción. Pero ello no es posible (Gráfico 2). Es entonces necesario elaborar un modelo matemático probabilístico que contiene una componente aleatoria, que se incorpora a la parte determinista del modelo, para tomar en cuenta el error aleatorio o inexplicado del modelo de la predicción. Así, un modelo probabilístico que relaciona la variable *Y* con la variable *X*, se da mediante la expresión:

$$Y = \beta + \alpha X + \varepsilon$$

donde ε es siempre una variable aleatoria.

Si la recta pronostica los valores, es: $\hat{Y} = b + aX = \hat{\beta} + \hat{\alpha}X$ (léase $\hat{Y}$: *Y* estimada)

donde: *b* estima β *a* estima α

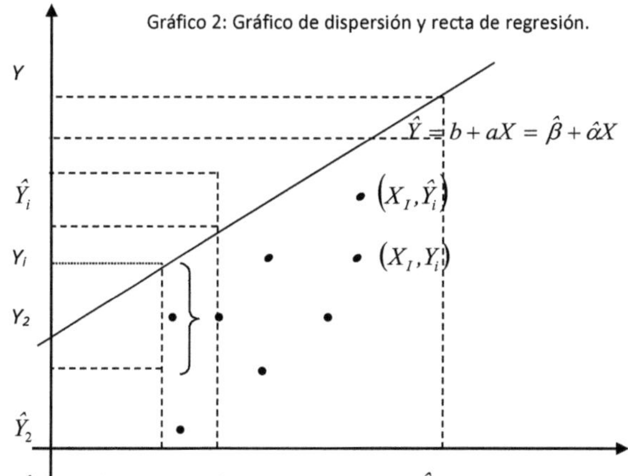

Gráfico 2: Gráfico de dispersión y recta de regresión.

El error aleatorio para el primer punto es: $\varepsilon_1 = \hat{Y}_1 - Y_1$

ε_1

o

La desviación del i-ésimo punto (o error) es: $\varepsilon_i = \hat{Y}_i - Y_1$

$$\varepsilon_i = (b + aX) - Y_1$$

Tradicionalmente se ha recurrido al método de mínimos cuadrados, que elige como recta de regresión a aquella que minimiza las distancias verticales de las observaciones a la recta (minimiza los errores). Así, la recta de mejor ajuste es la que minimice la suma de los cuadrados de las desviaciones de los valores observados de *Y*, respecto de los pronosticados. La recta de aproximación por mínimos cuadrados del conjunto de puntos (X_1, Y_1), (X_2, Y_2), ..., (X_i, Y_i) tiene la ecuación:

$$\hat{Y} = b + aX = \hat{\beta} + \hat{\alpha}X$$

Los valores de $\hat{Y}$ en esta recta correspondientes a $X = X_1, X_2, \ldots\ldots, X_i$, son:

$$\hat{Y}_1 = aX_1 + b$$
$$\hat{Y}_2 = aX_2 + b$$
....
$$\hat{Y}_i = aX_i + b$$

mientras que los valores reales son $Y_1, Y_2, \ldots., Y_i$, respectivamente. Sumando los errores al cuadrado, ya que $\sum \varepsilon_i = 0$, se obtiene una función de a y b , $f(a,b) = S(a,b)$, tal que:

$$S(a,b) = \sum \varepsilon_i^{\,2}$$

$S(a,b) = (b + aX_1 - Y_1)^2 + (b + aX_2 - Y_2)^2 + \ldots\ldots. + (b + aX_i - Y_i)^2$ que debe minimizarse (método de mínimos cuadrados).

Pero *S* es mínimo cuando las derivadas parciales de *S* con respecto a *b* y *a* sean cero.

Aquí es donde los alumnos utilizan sus conocimientos sobre máximos y mínimos de funciones:

$$f'(x_1) = 0 \begin{cases} f''(x_1) > 0 \rightarrow x_1 & minimiza\ f(x) \\ f''(x_1) < 0 \rightarrow x_1 & maximiza\ f(x) \end{cases}$$

en este caso aplicados a una función de dos variables, efectuando derivadas parciales.

Entonces:

$$\frac{\partial S}{\partial b} = 2\{(b + aX_1 - Y_1) + (b + aX_2 - Y_2) + \ldots\ldots. + (b + aX_i - Y_i)\} = 0$$

o

$$\frac{\partial S}{\partial a} = 2\{(b + aX_1 - Y_1)X_1 + (b + aX_2 - Y_2)X_2 + ... + (b + aX_i - Y_i)X_i\} = 0 \quad Y_1 =$$

a

Y de aquí se obtienen las siguientes ecuaciones:

$$\begin{cases} bN + a\sum X - \sum Y = 0 \\ b\sum X + a\sum X^2 - \sum XY = 0 \end{cases}$$

O lo que es lo mismo:

$$\begin{cases} \sum Y = bN + a\sum X & (1) \\ \sum XY = b\sum X + a\sum X^2 & (2) \end{cases}$$

Las constantes a y b se determinan mediante este sistema de ecuaciones que son las llamadas *ecuaciones normales para la recta de mínimos cuadrados.*

Despejando de ambas b se obtiene, para la ecuación (1):

$$b = \frac{\sum Y - a\sum X}{N} \qquad (3)$$

Y para la ecuación (2):

$$b = \frac{\sum XY - a\sum X^2}{\sum X} \qquad (4)$$

Igualando (3) y (4):

$$\left(\sum Y - a\sum X\right)\sum X = \left(\sum XY - a\sum X^2\right)N$$

Aplicando propiedad distributiva:

$$\sum Y\sum X - a\left(\sum X\right)^2 = N\sum XY - aN\sum X^2$$

$$aN\sum X^2 - a\left(\sum X\right)^2 = N\sum XY - \sum Y\sum X$$

$$a\left(N\sum X^2 - \left(\sum X\right)^2\right) = N\sum XY - \sum Y\sum X$$

o

Despejando, se obtiene:

$$a=\frac{N\sum XY-\sum Y\sum X}{N\sum X^2-\left(\sum X\right)^2}$$

Sustituyendo esta expresión en (3), se obtiene:

$$b=\frac{\sum Y-\dfrac{N\sum XY-\sum X\sum Y}{N\sum X^2-\left(\sum X\right)^2}\cdot\sum X}{N}$$

$$b=\frac{N\sum Y\sum X^2-\left(\sum X\right)^2\sum Y-N\sum X\sum XY+\left(\sum X\right)^2\sum Y}{N\left(N\sum X^2-\left(\sum X\right)^2\right)}$$

$$b=\frac{\sum Y\sum X^2-\sum X\sum XY}{N\sum X^2-\left(\sum X\right)^2}$$

Así se muestra al alumno que toda fórmula tiene su explicación, su deducción, su por qué. Conocida la regresión lineal, esta podrá aplicarse a situaciones problemáticas de las más diversas disciplinas, buscando así una interrelación con el resto de las asignaturas de la carrera de los alumnos.

VARIANTES DE LA REGRESIÓN LINEAL

- *La función potencial*

  $y=c{\cdot}x^a$

Se puede trasformar en

$log\, y = a\cdot log\, x + log\, c$

Si usamos las nuevas variables $X=log\, x$ e $Y=log\, y$, obtenemos la relación lineal

$Y=aX+b.$

Donde $b=log\, c$

- *Función exponencial*

  $y=c{\cdot}e^{ax}$

Tomando logaritmos neperianos en los dos miembros resulta

o

ln y=ax+ln c

Si ponemos ahora *X=x*, e *Y=ln y*, obtenemos la relación lineal

Y=aX+b

Donde *b=ln c*.

Utilización de Excel

El cálculo de una regresión lineal utilizando Excel, es tarea fácil para los alumnos. No se busca que ellos utilicen las herramientas que el programa ya ofrece, sino que ellos creen sus propias fórmulas para calcular los parámetros de la regresión.

Ejemplo: La Tabla 1 muestra las temperaturas medias en la ciudad de Azul, desde enero a septiembre de 1998.

Tabla 1: Temperaturas medias de la ciudad de Azul, en el año 1998.

Mes	1	2	3	4	5	6	7	8	9
Temperatura	20.1	18.1	17.5	14.9	11.5	8.2	9.8	8.5	9.9

Se les pedirá que ingresen los datos en una planilla de Excel, y efectúen todos los cálculos necesarios para encontrar los parámetros de la regresión lineal, y extraigan conclusiones.

Los alumnos crearán una tabla similar a la Tabla 2.

Tabla 2: Planilla en Excel.

X	Y	X^2	XY
1	20,1	1	20,1
2	18,1	4	36,2
3	17,5	9	52,5
4	14,9	16	59,6
5	11,5	25	57,5
6	8,2	36	49,2
7	9,8	49	68,6
8	8,5	64	68
9	9,9	81	89,1

o

Σ	45	118,5	285	500,8
$(\Sigma x)^2$	2025			
a	-1,52833333			
b	20,8083333			

La recta de regresión obtenida es:

$$Y = -1{,}5283X + 20{,}8083$$

Los alumnos también pueden efectuar regresiones lineales mediante el uso de las herramientas que Excel ofrece.

CONCLUSIONES

Los contenidos de Matemática que se ven en las carreras Agrarias, es necesario relacionarlos entre sí y con otros de las demás asignaturas, a fin de que el alumno valore la herramienta matemática como tal, y encuentre su sentido práctico. El egresado de este tipo de carreras, durante el ejercicio de su actividad profesional, deberá utilizar primordialmente el razonamiento a fin de comprender y resolver problemas con grandes componentes lógicos. Por esto, la enseñanza se centrará en el desarrollo de procesos que otorgue al alumno la posibilidad de alcanzar una autonomía intelectual.

En este trabajo se muestra una aplicación concreta de un contenido específico, relacionándolo con temas de otras asignaturas. Es tarea de todos los docentes, hacer de la Matemática una útil herramienta, y esto redundará en el interés de los alumnos por aprenderla.

BIBLIOGRAFÍA

Mendenhall, W. *Estadística para Administradores.* Grupo Editorial Iberoamérica. 1988.
Spiegel, M. *Estadística.* Ed. McGraw-Hill. 1970.

Purcell E. J., Varberg D. *Cálculo con Geometría Analítica.* Mexico, Prentice Hall Hispanoamericana. 1993

Rey Pastor J., Pi Calleja P., Trejo C. A. *Análisis Matemático.* Ed. Kapelusz, 8va ed. 1969.

Frank Ayres Jr. *Cálculo Diferencial e Integral*. México, Mc Graw Hill. 1977

Granville W.A. *Cálculo Diferencial e Integra*. México, Limusa.1992

Sadosky – Guber. *Elementos de Cálculo Diferencial e Integra*. Tomo I y II. Ed. Alsina. 1984

Apostol T. *Cálculus*. Vol 1. Ed. Reverté. 1976.

Haeussler E.F.Jr. Richard S.P. *Mátemática para Administración y Economía*. México. Iberoamericana. 1992.

Weber J.E. Matemática para Administración y Economía. México. Harla. 1984.

o

TRES APLICACIONES MATEMÁTICAS SOBRE UN MISMO OBJETO DE ESTUDIO

Cañibano A., Sastre Vázquez P., Boubee C., Rey G., Scempio V., Suhurt V.

RESUMEN: A partir de una situación real y concreta con la cual puede enfrentarse un alumno de la carrera de Ingeniería Agronómica, tanto en la situación de estudiante como posteriormente de profesional, en este trabajo, se pretende hacer uso de tres temáticas diferentes, pero incluidas en el plan de estudios e íntimamente relacionadas, con el objeto de poder resolver una problemática donde se integren los conocimientos que se dictan en las asignaturas como también utilizar dos temas inherentes a la matemática como alternativa a la solución del mismo.

INTRODUCCIÓN

Sabida la importancia del uso de la matemática en el alumno de carreras de Ingeniería; sabida la importancia de la utilización de la matemática como herramienta para resolver problemas concretos de la disciplina y como co -ayudante de otras disciplinas pertinentes al plan de estudio es necesario, y siempre lo serán, las reflexiones sobre el uso, dictado y forma de transmitir conocimientos que incidirán en el proceso de enseñanza y de aprendizaje del futuro profesional.

A fin de reflexionar sobre estas cuestiones y no caer siempre en las mismas consideraciones, conviene transcribir algunos fragmentos de un trabajo escrito por Miguel de Guzmán (1983) en la revista *Investigación y Ciencia.*

> *"La matematización del pensamiento como camino científico es hoy un dogma, a veces llevado a extremos ridículos, de la ciencia moderna.*
>
> *Puede uno preguntarse: ¿Merece la matemática este lugar privilegiado que se le ha atribuido de una forma tan constante? No han faltado filósofos que han considerado injustificada y aun nociva esta influencia invasiva del pensamiento matemático. Heidegger, con un juego de palabras, ha tratado de expresar la cuestión: la matemática "ist nicht strenger, sondern nur enger" (no es más exacta, sino sólo más estrecha). Y no sin cierta razón. El conocimiento humano contiene muchas más riquezas que las que el pensamiento matemático puede abarcar. Existen realidades profundas que el hombre, más o menos conscientemente, ansía aprehender cognoscitivamente que escapan a la matemática. Esta llega fundamentalmente a dominar la componente raciocinante del pensamiento sin tocar siquiera otras facetas del conocimiento intelectual.*
>
> *Y con todo, el pensar matemático merece un lugar privilegiado en el conocimiento por razón de su adecuación a su propio objeto, su evidencia y su certeza. No se trata de pensar con Leibniz que haya de venir el día en que dos filósofos de opiniones encontradas, en lugar de discutir sobre ellas, se sienten y digan: "Calculemos". Pero sí se puede afirmar que la matemática es un intento de creación de un universo para la satisfacción del ansia de conocimiento del hombre, hecho por éste a la medida de su propia mente. Intento no del todo logrado, pues, como veremos más adelante, este universo*

o

no carece de grietas inquietantes. Esto lo hace de nuevo más cercano a la frágil condición de hombre, "esa caña pensante", como lo definió el mismo Pascal. Se diría que su seguridad le viene a la matemática de su carácter fundamentalmente tautológico, pero también es verdad que las tautologías que, constituyen la rica estructura matemática, representan un triunfo lleno de belleza y útiles implicaciones sobre el carácter reptante del raciocinio humano.

La matemática es también un instrumento de exploración de la naturaleza. Aristóteles ha expresado así el carácter "liberal" de la matemática en su mismo nacimiento: "Pero una vez que todas las técnicas necesarias se constituyeron, se vieron surgir ciencias cuyo objeto no puede ser ni la comodidad ni la necesidad. Nacieron primero en los climas donde el hombre puede entregarse más fácilmente al ocio y así las ciencias matemáticas nacieron en Egipto, donde la casta de los sacerdotes ocupaba de esta manera sus ocios" (Metafísica, Libro I, cap. 1, v.18).

La observación es interesante y expresa la concepción predominante en la Grecia clásica sobre el carácter desligado de toda consideración utilitaria de la matemática. Pero la afirmación de Aristóteles es falsa. La matemática occidental surgió primero entre los babilonios con fines prácticos bien concretos, económicos y astronómicos."

OBJETIVO: Hacer uso de una parcela obtenida de una imagen satelital para estudiar tres aspectos distintos, de aplicación matemática, y de gran utilidad para el futuro profesional.

OBJETIVOS PARTICULARES:

- ✓ Mostrar tres aplicaciones concretas sobre el uso de la matemática en un objeto de estudio a la que los alumnos ya tienen acceso (las imágenes satelitales)
- ✓ Otorgar a la matemática un carácter fundamental de herramienta, para algunas aplicaciones concretas en la carrera de Ingeniería Agronómica.

PRESENTACIÓN DEL PROBLEMA

A partir de una porción extraída de una imagen LANDSAT de Abril del 2001, correspondiente a la zona de la cuenca del Arroyo del Azul, se analizarán tres aplicaciones de carácter inminentemente práctico, los cuales tienen como sustento teórico conceptos sobre:

- ❖ Teoría de Errores
- ❖ Trigonometría
- ❖ Producto Vectorial entre vectores

JUSTIFICACIÓN

Respecto a la primera aplicación, Teoría de Errores, los errores, como todos los fenómenos naturales obedecen a ciertas leyes que es indispensable conocer y en las

o

cuales se debe apoyar para establecer métodos y señalar tolerancias. Una medida exacta es imposible de obtener y por lo que se adopta una que más o menos se aproxime al compararla con las diferentes medidas realizadas. Esto dará por resultado una serie de errores aparentes únicos que podemos conocer. Es por eso que la teoría de errores que se debe enseñar debería denominarse con más propiedad *teoría de los errores aparentes accidentales* (Domínguez García- Tejero, 1984)

La trigonometría por su parte ofrece muchísimas ventajas que no siempre se saben aprovechar; la situación por la que pasa el profesional recién egresado hace que no pueda desaprovechar ninguna situación de trabajo profesional y se debería dar por sabido que el cálculo de lados o de superficies o de volúmenes de distintos objetos, forman parte de las incumbencias del Ingeniero Agrónomo. Por su parte en el tema vectores se cae indefectiblemente en las operaciones de producto escalar y productor vectorial. Estos conceptos, la mayoría de las veces, no son interpretados por los alumnos y tampoco la totalidad de los textos los ofrece de una manera clara. Más allá de las aplicaciones inmediatas con otras materias del plan de estudio, se puede lograr que el alumno identifique las bondades de conocer estas operaciones y las tenga en cuenta como una herramienta más a la hora de resolver situaciones de carácter geométrico.

MATERIALES

Para este trabajo se utilizó una imagen LANDSAT 7, correspondiente al mes de Abril del 2001 que abarca una superficie de 185 x 185 km^2. En esta imagen está incluido un alto porcentaje del Partido de Azul y de la misma se recortó una zona cercana a la ciudad, de fácil acceso en caso que los alumnos deseen realizar una visita a campo, y que tiene una forma geométrica particular, triángulo rectángulo, apta para las aplicaciones posteriores. En la Fig. 1 se muestra la imagen completa y en la Fig. 2 la zona que se recortó para realizar los análisis posteriores; en ella está marcada el área utilizada para las aplicaciones.

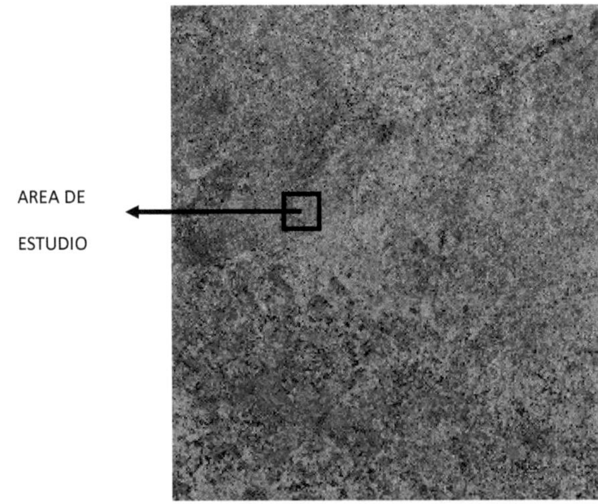

Fig. 1

o

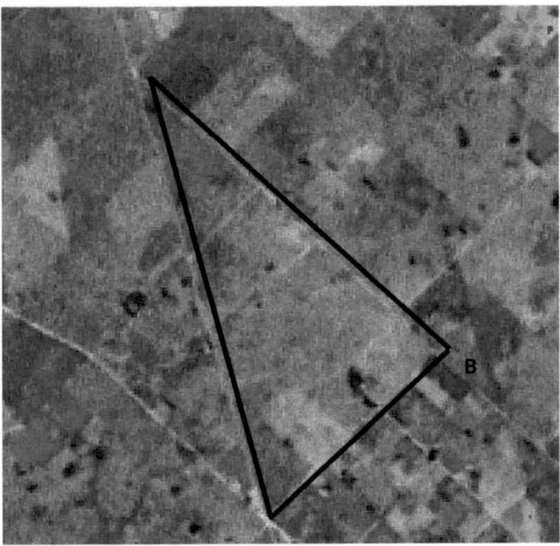

Fig. 2

METODOLOGÍA

Fundamentalmente los datos que se utilizan son las coordenadas (*X,Y*), expresadas en metros, de los vértices del triángulo, que ofrece la imagen mediante un programa apto para realizar trabajos de Teledetección. El programa utilizado en esta oportunidad, para reconocer la zona de estudio y obtener la serie de coordenadas, se denomina ILWIS 2.2 aunque hay varios disponibles en el mercado. La característica predominante es que las coordenadas pueden observarse en pantalla pero un simple e inadvertido movimiento del mousse ya cambiará las mismas y se torna muy difícil lograr encontrar el punto elegido inicialmente por que, siempre trabajando sobre el mismo punto, se obtienen distintos valores para X y para Y.

RESULTADOS

- Aplicación 1: TEORIA DE ERRORES

Apoyando el mousse sobre los puntos A, B y C se obtienen distintas medidas (en este caso se registran a modo de muestra 5 medidas) de sus coordenadas (X, Y).

OBSERVACIONES PUNTO A	*X*	*Y*
Observación 1	5507160,51	5938790,83
Observación 2	5507568,17	5938937,36
Observación 3	5507613,41	5938952,99
Observación 4	5507643,52	5938938,28
Observación 5	5.507628,44	5938937,38

o

OBSERVACIONES PUNTO B	*X*	*Y*
Observación 1	5510377,80	5935730,04
Observación 2	5510363,01	5935821,56
Observación 3	5510378,14	5935791,95
Observación 4	5510362,71	5935730,04
Observación 5	5510392,88	5935730,66
OBSERVACIONES PUNTO C	*X*	*Y*
Observación 1	5508622,23	5933840,49
Observación 2	5508622,38	5933870,83
Observación 3	5508607,20	5933840,18
Observación 4	5508607,25	5938845,17
Observación 5	5508622,23	5933825,17

Al hacer el registro de las coordenadas no es posible determinar la causa en la variación. Afectan al resultado en ambos sentidos y se pueden disminuir para que las desviaciones, por encima y por debajo del valor que se supone debe ser el verdadero, se compensen. En este trabajo se necesita de varias observaciones de un mismo punto, por lo que hay que tener en cuenta la variación, en cada observación, respecto del valor promedio.

Por lo tanto en un ejercicio con estas particularidades el alumno podrá desarrollar los siguientes conceptos: 1) Cálculo de la media aritmética, 2) Cálculo de los desvíos y 3) Cálculo de la sumatoria de los residuos.

❖ Aplicación 2: TRIGONOMETRÍA

A través de los valores medios de las coordenadas es posible desarrollar los siguientes conceptos pertinentes a la trigonometría: 1) Distancia entre puntos, 2) Cálculo de la existencia o no del ángulo recto (Aplicación del Teorema del Coseno) y 3) Aplicación del Teorema del Seno para cálculo de ángulos restantes. Y, alternativamente, se podrá calcular perímetro y superficie de la parcela. Se podrá hacer uso de distintas unidades de longitud para el cálculo de las mismas.

❖ Aplicación 3: PRODUCTO VECTORIAL DE VECTORES

Para esta aplicación se simula que la parcela representa un triángulo rectángulo y se toman los lados del triángulo como vectores a través de sus coordenadas.

El alumno podrá calcular por medio del producto vectorial la superficie del área de estudio ya que la interpretación geométrica del mismo redunda en el área de un paralelogramo.

Esto es: El producto vectorial tiene una sencilla e importante interpretación geométrica que resuelve bastantes problemas. La norma (o módulo) del vector producto vectorial es igual al área del paralelogramo determinado por los vectores que lo definen.

o

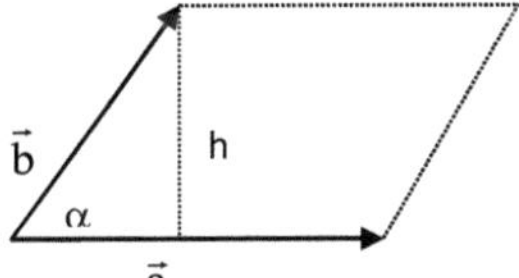

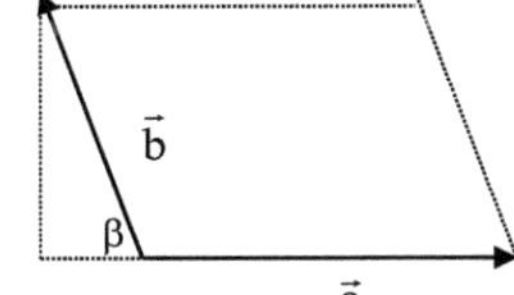

Si el ángulo determinado por los dos vectores es agudo resulta:

$S = \| \mathbf{a} \| \, h = \| \mathbf{a} \| \, \| \mathbf{b} \| \operatorname{sen} \alpha$

Por otra parte:

$\| \mathbf{a} \wedge \mathbf{b} \|^2 = \| \mathbf{a} \|^2 \, \| \mathbf{b} \|^2 - (\mathbf{a},\mathbf{b})^2 = \| \mathbf{a} \|^2 \, \| \mathbf{b} \|^2 - (\| \mathbf{a} \|^2 \, \| \mathbf{b} \|^2 \cos^2\alpha) =$

$= \| \mathbf{a} \|^2 \, \| \mathbf{b}^2 \| \, (1 - \cos^2 \alpha) = \| \mathbf{a} \|^2 \, \| \mathbf{b}^2 \| \, (\operatorname{sen}^2 \alpha)$

$\| \mathbf{a} \wedge \mathbf{b} \| = \| \mathbf{a} \| \, \| \mathbf{b} \| \, (\operatorname{sen} \alpha) = S$

Si el ángulo es obtuso, entonces $\beta = \pi - \alpha$ y tendremos:

$h = \| \mathbf{b} \| \operatorname{sen} (\pi - \alpha) = \| \mathbf{b} \| \operatorname{sen} \alpha$

CONCLUSIONES

Si bien la primera de las aplicaciones no suele incluirse en las asignaturas matemáticas y casi siempre se halla relacionada a la estadística, no se deja de reconocer su importancia cuando existen trabajos de este tipo y por lo tanto se deja como una aplicación más.

Respecto a las dos restantes aplicaciones se las toma en este trabajo como independientes una de otra, como alternativa a la solución de un problema ya que a la vista y en los casos en que los alumnos o profesionales no están acostumbrados a la visión de imágenes satelitales, el área de estudio puede verse como un triángulo rectángulo y es por ello que en la tercera de las aplicaciones se lo considera como tal. Podría suceder que la trigonometría resulte más familiar a la hora de recordar conceptos entonces, esta aplicación se desarrolló en forma más exhaustiva. De todas maneras al observar los resultados obtenidos no existen grandes diferencias entre ambos resultados.

o

BIBLIOGRAFIA

1. de Guzmán Miguel. Algunos aspectos insólitos de la actividad matemática. *Investigación y Ciencia, Febrero 1983, pp.100-108.*
2. Domínguez García- Tejero Francisco. *Topografía General y Aplicada.* 8va edición. 1984, *Cap* I . *pp. 4*

ANEXO

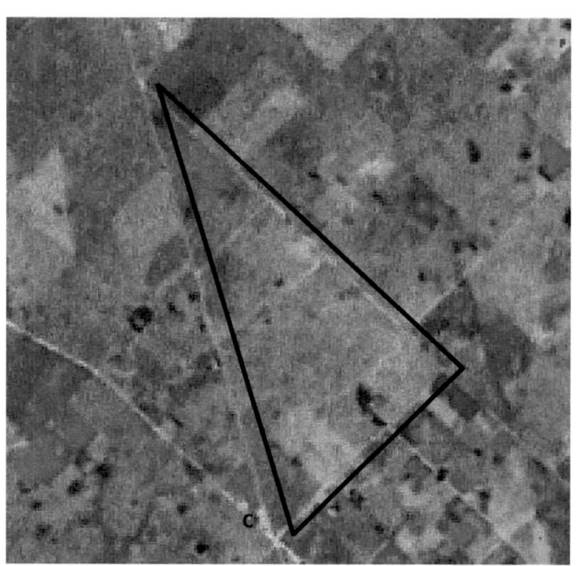

APLICACIÓN 1: **TEORIA DE ERRORES**

PUNTO A

X	Y
5507160,51	5938790,83
5507568,17	5938937,36
5507613,41	5938952,99

o

a) Cálculo del valor promedio de las coordenadas del punto **A**

$$\overline{X_A} = \frac{\sum_{i=1}^{5} x_i}{5} = \left(\frac{5507160{,}51 + \cdots + 5507628{,}44}{5} \right)$$

$$\overline{X_A} = 5507522{,}81$$

$$\overline{Y_A} = \frac{\sum_{i=1}^{5} y_i}{5} = \left(\frac{5938790{,}83 + \cdots + 5938937{,}38}{5} \right)$$

$$\overline{Y_A} = 5938911{,}37$$

5507643,52	5938938,28
5507628,44	5938937,38

Por lo tanto coordenadas del punto **A**

A (5507522,81; 5938911,37)

b) Cálculo de la sumatoria de los desvíos del punto **A**

ε_{1x}	362,3
ε_{2x}	-45,36
ε_{3x}	-90,71
ε_{4x}	-120,71
ε_{5x}	-105,63
$\Sigma\varepsilon_{xA}$	**-0,11**

ε_{1y}	120,54
ε_{2y}	-25,99
ε_{3y}	-41,62
ε_{4y}	-28,91
ε_{5y}	-26,01

PUNTO B

a) Cálculo del valor promedio de las coordenadas del punto **B**

X	**Y**
5510377,80	5935730,04
5510363,01	5935821,56
5510378,14	5935791,95
5510362,71	5935730,04
5510392,88	5935730,66

$$\overline{X_B} = \frac{\sum_{i=1}^{5} x_i}{5} = \left(\frac{5510377{,}80 + \cdots + 5510392{,}88}{5}\right)$$

$$\overline{X_B} = 5510374{,}91$$

$$\overline{Y_B} = \frac{\sum_{i=1}^{5} y_i}{5} = \left(\frac{5935730{,}04 + \cdots + 5935730{,}66}{5}\right)$$

$$\overline{Y_B} = 5935760{,}84$$

o

Por lo tanto coordenadas del punto **B**

B(5510374,91; 595760,84)

b) Cálculo de la sumatoria de los desvíos del punto **B**

ε_{1x}	-2,89
ε_{2x}	11,9
ε_{3x}	-3,23
ε_{4x}	12,20

ε_{1y}	30,80
ε_{2y}	-60,72
ε_{3y}	-31,11
ε_{4y}	30,80
ε_{5y}	30,18
$\Sigma\varepsilon_{yB}$	**-0,05**

PUNTO C

a) Cálculo del valor promedio de las coordenadas del punto **C**

X	Y
5508622,23	5933840,49
5508622,38	5933870,83
5508607,20	5933840,18
5508607,25	5938845,17
5508622,23	5933825,17

$$\overline{X_C} = \frac{\sum_{i=1}^{5} x_i}{5} = \left(\frac{5508622{,}23 + \cdots + 5508622{,}23}{5}\right)$$

$$\overline{X_C} = 5508616{,}26$$

$$\overline{Y_C} = \frac{\sum_{i=1}^{5} y_i}{5} = \left(\frac{5933840{,}49 + \cdots + 5933825{,}17}{5}\right)$$

$$\overline{Y_C} = 5933844{,}37$$

Por lo tanto coordenadas del punto **C**

C(5508616,26 ; 5933844,37)

o

b) Cálculo de la sumatoria de los desvíos del punto **C**

ε_{1x}	-5,97
ε_{2x}	-6,12
ε_{3x}	9,06
ε_{4x}	9,01

ε_{1y}	3,88
ε_{2y}	-26,46
ε_{3y}	4,19
ε_{4y}	-0,80
ε_{5y}	19,2

APLICACIÓN 2: **TRIGONOMETRÍA**

a) Distancia entre puntos

$$\overline{AB} = \sqrt{(5507522.81 - 5510374.91)^2 + (5938911.37 - 5935760.84)^2} = 4249.72m$$

$$\overline{AC} = \sqrt{(5507522.81 - 5508616.26)^2 + (5938911.37 - 5933844.37)^2} = 5183.63m$$

$$\overline{BC} = \sqrt{(5510374.91 - 5508616.26)^2 + (5935760.84 - 5933844.37)^2} = 2601.15m$$

b) Aplicación del Teorema del Coseno para verificar si existe el ángulo recto en **B**

$$\overline{AC}^2 = \overline{AB}^2 + \overline{BC}^2 - 2\,\overline{AB}\,\overline{BC}\,cos\,\beta$$

$$\therefore cos\,\beta = \frac{\overline{AC}^2 - \overline{AB}^2 - \overline{BC}^2}{-2\,\overline{AB}\,\overline{BC}} = -0.0924502$$

$$\boxed{\beta = 95^\circ\ 18'\ 16'}$$

o

c) Aplicación del Teorema del Seno para calcular el ángulo en **C**

$$\frac{\overline{AC}}{sen\ \beta} = \frac{\overline{AB}}{sen\,\gamma}$$

$$sen\,\gamma = \frac{\overline{AB}\ sen\,\beta}{\overline{AC}}$$

$$\boxed{\gamma = 54^\circ\ 43'\ 6''}$$

$$\therefore\ \alpha + \beta + \gamma = 180^\circ \qquad \Rightarrow \qquad \boxed{\alpha = 29^\circ\ 58'\ 38''}$$

d) Cálculo de la superficie de la parcela

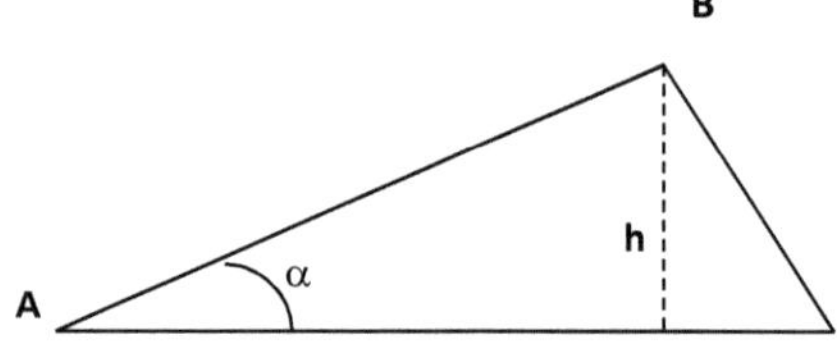

$$sen\,\alpha = \frac{h}{\overline{AB}} \Rightarrow h = \overline{AB}\,sen\,\alpha$$

$$h = 2123.40\,m$$

$$SupA\hat{B}C = \frac{\overline{AC}\times h}{2} = \frac{5183.63m \times 2123.40m}{2} =$$

$$SupA\hat{B}C = 5503460\,m^2$$

$$SupA\hat{B}C = 550.346 Ha$$

APLICACIÓN 3: **PRODUCTO VECTORIAL DE VECTORES**

Cálculo de la superficie utilizando el producto vectorial.

Las coordenadas del vector $\vec{a}$ y $\vec{c}$ se obtienen a partir de la diferencia de las coordenadas promedio de los puntos A, B y C. En base a la interpretación geométrica del producto vectorial se consideran los lados $\overrightarrow{BA}$ y $\overrightarrow{BC}$ como vectores que van a formar parte de los lados del paralelogramo y el módulo del vector producto vectorial es igual al área del paralelogramo determinado por los vectores que lo definen.

Las coordenadas de los vectores vienen dadas en m.

A partir de la fórmula del área del paralelogramo, si se la parte en dos se puede calcular el área de un triángulo y eso es lo que se aplica a continuación.

$$S = \left| \frac{\vec{c} \times \vec{a}}{2} \right|$$

$$\vec{c} = \overrightarrow{BA} = (2852.10;-3150.53)$$

$$\vec{a} = \overrightarrow{BC} = (-1758.65;-1956.47)$$

$$\vec{a} \times \vec{c} = (2852.10\,\breve{i} - 3150.53\,\breve{j}) \times (-1758.65\,\breve{i} - 1956.47\,\breve{j}) =$$

$$= 5540679\,\breve{j} \times \breve{i} - 5465821.5\,\breve{i} \times \breve{j} = 11006501\,\breve{k}$$

$$\therefore \quad S = \left| \frac{\vec{c} \times \vec{a}}{2} \right| = 5503250.5\ m^2$$

o

APLICACIÓN SOBRE LA GEOMETRÍA DE LA CIRCUNFERENCIA

A. Cañibano, P. Sastre, C. Boubee, G. Rey, V. Scempio, V. Suhurt

INTRODUCCIÓN

Partiendo de una definición básica, una cuenca es el territorio que aporta agua al río que contiene, o sea, es el área total que desagua en forma directa o indirecta en un arroyo o en un río. Una cuenca es una unidad hidrográfica conformada por el conjunto de sistemas de curso de aguas y delimitado por el relieve que la comprende, siendo su límite la "divisoria de aguas".

Los factores que intervienen en los estudios hidrológicos son muy diversos: topográficos, geológicos, edafológicos, relacionados con la vegetación, etc. La influencia de los diversos factores no puede reducirse a expresiones puramente matemáticas, pero el estudio de ciertas relaciones puede dar una idea cualitativa del problema.

Cada cuenca hidrológica posee propiedades físicas, químicas y biológicas que dan como resultado un único conjunto de propiedades hidrológicas.

El primer parámetro que permite reconocer una cuenca es el denominado área de la cuenca delimitada por la divisoria de aguas.

En función de la superficie, las cuencas pueden clasificarse en:

- Cuencas pequeñas: áreas menores o iguales a 100 km^2
- Cuencas medianas: áreas comprendidas entre 100 km^2 y áreas menores o iguales a 2000 km^2.
- Cuencas grandes: áreas mayores a 2000 km^2.

En general, a mayor tamaño de la cuenca, el escurrimiento total es mayor y la probabilidad de ocurrencia de un fenómeno para toda el área disminuye.

Otro parámetro es la forma de la cuenca. La forma de la cuenca tiene influencia en el tiempo de concentración de las aguas y por lo tanto, en la configuración de los hidrogramas. Esto es que para una misma superficie y una misma tormenta el hidrograma de salida de una cuenca redondeada es muy diferente al de una cuenca alargada. Otra manera de explicarlo es que la forma superficial de las cuencas hidrográficas tiene interés por el tiempo que tarda en llegar el agua desde los límites hasta la salida y esto lleva a definir índices de forma.

Tres Índices de Forma

o

1) Índice de Compacidad o de Gravelius (K)

También llamado Coeficiente de Compacidad (Gravelius, 1914) indica la relación existente entre el perímetro de la cuenca "P" y el perímetro de un círculo que tenga la misma superficie "A" que la cuenca.

O sea:

A: área de un círculo con igual área que la cuenca

r: radio de un círculo de igual área de la cuenca

P: perímetro de la cuenca

$$A = \pi \cdot r^2 \qquad \Rightarrow \qquad r = \sqrt{\frac{A}{\pi}}$$

Por lo tanto:

$$K = \frac{P}{2 \cdot \pi \cdot \sqrt{\frac{A}{\pi}}} = \frac{\sqrt{\pi} \cdot P}{2 \cdot \pi \cdot \sqrt{A}}$$

$$K = 0{,}282 \frac{P}{\sqrt{A}}$$

Este índice es igual o mayor a la unidad así que la interpretación geométrica es la siguiente:

- Valores de K iguales a 1 o muy cercanos a la unidad indican cuencas redondeadas las cuales tendrán mayor posibilidad de producir crecientes con mayores caudales.
- Valores de K mayores a 1 y alejándose de la unidad indican cuencas alargadas donde los volúmenes escurridos son más uniformes a lo largo del tiempo.

La razón para usar la relación del área equivalente a la ocupada por un círculo es porque una cuenca circular tiene mayores posibilidades de producir crecidas más importantes dada su simetría. Sin embargo, este índice de forma ha sido criticado pues las cuencas en general tienden a tener la forma de pera.

2) Índice de Circularidad de Miller (R_c)

El índice de circularidad (Miller, 1953) es el cociente entre el área de la cuenca y el área de un círculo cuyo perímetro fuese el de la cuenca. Es, pues, una medida de la redondez de la cuenca, ya que el círculo es la superficie geométrica que tiene mayor área para un perímetro dado.

o

A: área del círculo con igual perímetro que el de la cuenca.

r: radio del círculo

$$P = 2\pi r \quad \Rightarrow \quad r = \frac{P}{2\pi}$$

Entonces:

$$A = \pi r^2 = \frac{\pi P^2}{4\pi^2} = \frac{P^2}{4\pi}$$

$$R_c = \frac{A}{\frac{P^2}{4\pi}} = \frac{A\,4\pi}{P^2}$$

$$R_c = 12{,}56\frac{A}{P^2}$$

El valor de R_c oscila entre 0 y 1. El mayor valor, que equivale a la unidad, indica la forma circular de la cuenca.

3) Razón de elongación (R_e)

Este índice muestra la relación entre el diámetro de un círculo con igual área que la de la cuenca y la longitud máxima de la misma. Definido por Schumm en 1956 busca la relación entre el diámetro (D) de un círculo que tenga la misma superficie de la cuenca y la longitud máxima de la misma (Lm). Es importante definir el parámetro Lm pues se define como la más grande dimensión de la cuenca a lo largo de una línea recta trazada desde la desembocadura hasta el límite extremo de la divisoria de aguas y de manera paralela al río principal.

$$A = \pi r^2 \quad \Rightarrow \quad r = \sqrt{\frac{A}{\pi}}$$

Por lo tanto:

$$D = 2r = 2\sqrt{\frac{A}{\pi}} = \frac{2}{\sqrt{\pi}}\sqrt{A}$$

Entonces:

$$R_e = \frac{D}{Lm} = 1{,}128\frac{\sqrt{A}}{Lm}$$

o

Breve descripción de la zona de estudio

La cuenca del Arroyo del Azul (Fig. 1) ocupa una superficie total de 5050 km^2 y tiene un perímetro aproximado de 360 km. El Arroyo del Azul mide 170 km de largo y se lo considera el eje de la cuenca.

Se divide en tres zonas: la cuenca alta donde nace y posee dos arroyos tributarios: el Videla y el Santa Catalina, la cuenca media y la cuenca baja hasta su desembocadura. Su ubicación geográfica se halla determinada entre las coordenadas geográficas 35° 58′56′′ y 37°20′23′′ de latitud sur y 58°48′8′′ y 60°10′50′′ de longitud oeste. La cuenca de este arroyo está inscripta en la que se denomina Depresión del Salado.

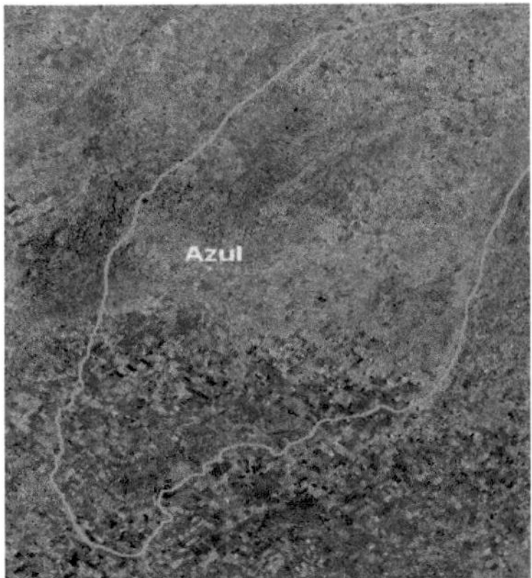

Fig. 1: Cuenca del Arroyo Azul (Imagen Landsat, 1998)

Aplicación

La Fig. 2 muestra el dibujo de la Cuenca del Arroyo Azul, con los principales arroyos tributarios. La imagen está referenciada según el sistema Gauss Kruger. Este sistema de proyección, empleado por el Instituto Geográfico Militar para la confección de todas las cartas topográficas nacionales, divide a la República Argentina (sector continental e Islas Malvinas) en 7 fajas meridianas numeradas de oeste a este. El sistema Gauss Kruger posee ejes cartesianos como modo de representación de las coordenadas proyectadas al plano generándose un X, Y Gauss Kruger.

Eje X: Representa el eje NORTE de la proyección (al revés de los ejes cartesianos matemáticos), y su origen o valor 0 (cero) se encuentra en el Polo Sur (Latitud 90º Sur). De esta manera la coordenada X de un punto expresado en Gauss Kruger indicará

o

siempre la cantidad de metros a los que ese punto se encuentra del Polo Sur.

Eje Y: Representa el eje ESTE de la proyección y su origen está dado por cada meridiano central de faja. En él, el valor que adopta el origen de la coordenada Y es 500.000 (expresado en metros). Este valor arbitrario distinto de 0 (cero) se adoptó simplemente para evitar los valores negativos en las coordenadas. Además, a las coordenadas se le antepone el número de faja a la que pertenece la zona a referenciar.

Es interesante que el alumno conozca otros sistemas de referencia. El sistema Gauss Kruger es similar al sistema cartesiano con la salvedad del cambio de posición de los ejes, que las coordenadas están indicadas en kilómetros y que están definidas en un cuadriculado de 4 cm por 4 cm.

En el tema se involucran conceptos tales como: sistemas de referencia, escalas, identificación de puntos, medidas, lectura de mapas, comparación de fracciones, análisis del factor de escala, congruencia y semejanza de figuras.

Las actividades docentes que pueden realizarse son, entre otras:

a) analizar que sucede si el denominador de la escala cambia.

b) analizar la relación: denominador menor- numerador constante, escala.

c) qué implica matemáticamente que la escala disminuya y que efectos presenta en las imágenes.

o

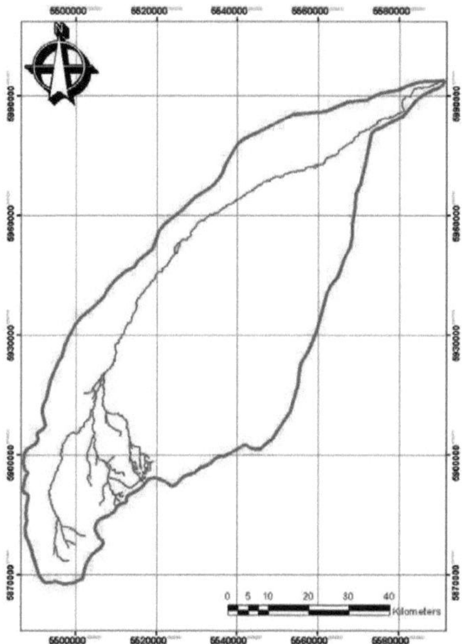

Fig. 2: Cuenca del Arroyo Azul georeferenciada

Respecto al tema de perímetros y áreas, se puede analizar el cambio de éstos ante un cambio de escalas.

Las principales actividades docentes que podrían llevarse a cabo son:

a) semejanza de figuras.

b) construcción de figuras geométricas.

c) discriminación entre perímetros y superficies.

d) medidas de longitudes y de superficies.

d) relaciones de proporcionalidad.

A continuación se realizan los cálculos de los parámetros anteriormente definidos con el fin de determinar la forma de la cuenca. El alumno debe comprender el significado de cada coeficiente y relacionarlo con la circunferencia pues los tres índices están basados en parámetros propios de la misma.

La búsqueda de los datos puede ser distinta:

o

a) si se cuenta con una imagen de la zona de estudio y con algún programa de teledetección se puede obtener los datos necesarios: área, perímetro y máxima longitud

b) el profesor puede suministrárselos.

c) los alumnos pueden apropiarse de dichos datos recurriendo a las personas u organismos pertinentes.

d) pueden utilizarse datos de otras cuencas mundiales ya que los parámetros necesarios se encuentran disponibles la mayor parte de las veces. En base a los datos disponibles y reemplazando en las fórmulas correspondientes a los tres índices tendremos:

- Coeficiente de Compacidad: $k = 0{,}282\frac{360\text{km}}{\sqrt{5050\text{km}^2}} = 1{,}428$
- Índice de Circularidad: $R_c = 12{,}56\frac{5050\text{km}^2}{(360\text{km})^2} = 0{,}489$
- Razón de Elongación: $R_e = 1{,}128\frac{\sqrt{5050\text{km}^2}}{170\text{km}} = 0{,}471$

Los alumnos pueden corroborar la coincidencia de los datos y verificar los resultados. En esta aplicación los cálculos corroboran e indican que la cuenca de Arroyo del Azul presenta una forma alargada y generalmente los volúmenes escurridos en cuencas alargadas son más uniformes a lo largo del tiempo a diferencia de las cuencas más compactas donde el agua tarda menos en llegar a la salida. Esta discusión puede surgir entre los alumnos para analizar el tema de la discusión crítica de los resultados.

Por lo tanto las actividades se reducen a:

a) búsqueda y análisis de los datos.
b) discusión crítica sobre los resultados obtenidos.
c) conclusiones del trabajo.

CONCLUSIONES

Esta es una manera más de presentar los contenidos referidos a diferentes marcos contextuales a partir de los cuales es posible darle sentido al conocimiento. Situaciones problemáticas como las presentadas pueden actuar como disparadores para otras, dependiendo de la propuesta didáctica de cada docente, del área donde se desempeña, de los intereses particulares, etc.

Es interesante respecto a la utilidad de la matemática, que se articula e integra con contenidos específicos de otras áreas asumiendo el papel de herramienta para resolver problemas. Y se vuelve interesante para el aprendizaje cuando el alumno puede asirse de contenidos y conceptos trabajados desde niveles anteriores al del grado, por ejemplo conjuntos numéricos, modelos matemáticos, conceptos geométricos.

o

REFERENCIAS BIBLIOGRÁFICAS

Ibisate González de Matauco A.. Análisis morfométrico de la cuenca y de la red de drenaje del río Zadorra y sus afluentes aplicado a la peligrosidad de crecidas. Boletín de la A.G.E. N.º 38 - pp. 311-329. (2004)

Díaz C, Mamado K, Iturbe A, Esteller M, Reyna F.. Estimación de las características fisiográficas de una cuenca con ayuda DE SIG Y MEDT: Caso del curso alto del Río Lerma, Estado de México. Ciencia Ergo Sum, julio, vol. 6, N° 2, Universidad Autónoma del Estado de México. Toluca, México - pp.124 – 134. (1999)

Tévar Sanz G.. La cuenca visual en el análisis del paisaje. *Serie Geográfica,* vol. 6, pp. 99-113. (1996)

o

FUNCIÓN EXPONENCIAL: APLICACIÓN SOBRE CAMBIO ARITMÉTICO EN LA VARIABLE INDEPENDIENTE

Sastre Vázquez, P; Cañibano, A, Boubeé, C; Rey, G,Suhurt, V, Scempio, V.

RESUMEN: En este trabajo se presentan en forma general las propiedades mas comunes de la función exponencial. Se presta mayor atención a una propiedad de esta función que en general no es introducida en los cursos elementales de matemática: "*Cambios aritméticos iguales en la variable x conducen a cambios proporcionales iguales en la variable y. Si llamamos c al cambio aritmético en x, entonces (b^c-1) es el cambio proporcional en y*" Además se dan algunos conceptos elementales del estudio de series de tiempo, y finalmente se presenta una aplicación.

INTRODUCCION

La función exponencial es muy importante en matemáticas. Es la función con más presencia en los fenómenos observables. Así presentan comportamiento exponencial: la reproducción de una colonia de bacterias, la desintegración de una sustancia radiactiva, algunos crecimientos demográficos, la inflación, la capitalización de un dinero colocado a interés compuesto, etc. Se define la función exponencial del siguiente modo:

$$y = ab^x \quad \text{con } a \neq 0 \quad \text{y} \quad b > 1$$

Por ejemplo algunos tipos de bacterias se reproducen por "mitosis", dividiéndose la célula en dos cada espacios de tiempo muy pequeños, en algunos casos cada 15 minutos. ¿Observando la Tabla 1, cuántas bacterias se producen, a partir de una, en un día?

Tabla 1 : Número de bacterias cada 15 minutos

Minutos	15	30	45	60	....	x
Bacterias	2	4	8	16	....	2^x

Siendo x los intervalos de 15 minutos: en una hora tendremos : 2^4 = 16, en 2 horas habrá 2^8 = 256, y en día : $2^{24.4}$ = 296 = 7,9· 1028. Esto nos da idea del llamado *crecimiento exponencial.*

PROPIEDADES GENERALES

Algunas de las propiedades que generalmente se explicitan cuando se introduce al estudio de la función exponencial son las siguientes:

1) La función existe para cualquier valor de x , es decir el dominio de la función es todo R.
2) En todos los casos la función pasa por un punto fijo: el (0,1), o sea que siempre: corta al eje de ordenadas en el punto (0,1).
3) Los valores de y son siempre positivos, por tanto: la función siempre toma valores positivos para cualquier valor de x, es decir el codominio son los reales positivos.

o

4) Siempre creciente o siempre decreciente (para cualquier valor de x), dependiendo de los valores de la base "a".
5) Se acerca al eje X tanto como se desee, sin llegar a cortarlo, hacia la derecha en el caso en que a<1 y hacia la izquierda en caso de a>1, se dice por ello que el eje x es una asíntota horizontal (hacía la izquierda si a>1 y hacía la derecha si a<1)

CAMBIO ARITMÉTICO EN LA VARIABLE INDEPENDIENTE

En la función exponencial existe una propiedad muy útil que relaciona los cambios que producen en la variable x respecto a la variable y, la cual en general no se enuncia:

- *Cambios aritméticos iguales en la variable x conducen a cambios proporcionales iguales en la variable y.*
- *Si llamamos c al cambio aritmético en x, entonces (b^c-1) es el cambio proporcional en y.*

Se probará esta propiedad y luego se verá una aplicación práctica de la misma. Sean x_1, x_2, x_3 y $x_4 \in Df(x) = ab^x$ tales que $x_2 - x_1 = x_4 - x_3 = c$, entonces queremos probar que:

$$\frac{f(x_2) - f(x_1)}{f(x_1)} = \frac{f(x_4) - f(x_3)}{f(x_3)}$$

o lo que es lo mismo:

$$\frac{y_2 - y_1}{y_1} = \frac{y_4 - y_3}{y_3} \qquad (1)$$

Para ello, teniendo en cuenta que $y = ab^x$ con $a \neq 0$ y $b > 1$, y que $x_2 - x_1 = x_4 - x_3 = c$, se calculan los valores de función que corresponde a los x_1, x_2, x_3 y $x_4 \in Df(x)$, luego se los reemplaza en ambas miembros de la expresión (1), con lo cual se obtiene:

$$\frac{y_2 - y_1}{y_1} = \frac{ab^{x_2} - ab^{x_1}}{ab^{x_1}} = \frac{b^{x_2}}{b^{x_1}} - 1 = b^{(x_2 - x_1)} - 1 = b^c - 1 \quad (2)$$

$$\frac{y_4 - y_3}{y_3} = \frac{ab^{x_4} - ab^{x_3}}{ab^{x_3}} = \frac{b^{x_4}}{b^{x_3}} - 1 = b^{(x_4 - x_3)} - 1 = b^c - 1 \qquad (3)$$

De las expresiones (2) y (3) surge que efectivamente la expresión (1) es verdadera, con lo cual queda probada la propiedad.

o

APLICACION SOBRE CAMBIO ARITMÉTICO EN LA VARIABLE INDEPENDIENTE

Al momento de planificar actividades futuras surgirán, entre otras, algunas de estas preguntas: ¿Han aumentado las ventas, (o las producciones)?; ¿Cuál ha sido el cambio proporcional mensual en las ventas?; ¿Existe un superávit de la cantidad de agua caída en la zona en los últimos días?; ¿ Cual ha sido el cambio proporcional en las lluvias anuales?; Es decir, en muchas situaciones, tomando como base lo ocurrido en el pasado se requiere conocer el comportamiento futuro de ciertos fenómenos con el fin de planificar, prever o prevenir.

Una técnica muy importante para hacer inferencias sobre el futuro, con base en lo ocurrido en el pasado, es el análisis de series de tiempo. Son innumerables las aplicaciones que se pueden citar, en distintas áreas del conocimiento, tales como, en economía, física, geofísica, química, electricidad, en demografía, en marketing, en telecomunicaciones, en transporte, etc.

Arellano, M., (2001), define *Serie de Tiempo* a un conjunto de mediciones de cierto fenómeno o experimento registradas secuencialmente en el tiempo. Estas observaciones serán denotadas por $\{x(t_1), x(t_2), ..., x(t_n)\} = \{x(t) : t \in T \subseteq R\}$ con $x(t_i)$ el valor de la variable x en el instante t_i. Si T = Z se dice que la serie de tiempo es discreta, y si T = R se dice que la serie de tiempo es continua. Cuando $t_{i+1} - t_i = k$ para todo $i = 1,...,n-1$, se dice que la serie es equiespaciada, en caso contrario será no equiespaciada. Un modelo clásico para una serie de tiempo, supone que una serie $x(1), ..., x(n)$ puede ser expresada como suma o producto de tres componentes:

1) *Tendencia:* representa el comportamiento predominante de la serie, puede interpretarse vagamente como el cambio de la media a lo largo de un periodo
2) *Estacionalidad*: representa un movimiento periódico de la serie de tiempo, siendo la duración de la unidad del periodo generalmente menor que un año
3) *Error aleatorio*: representa movimientos irregulares (al azar) y todos los tipos de movimientos de una serie de tiempo que no sea tendencia, variaciones estacionales y fluctuaciones cíclicas.

Esta autora establece tres modelos de series de tiempos, que generalmente se aceptan como buenas aproximaciones a las verdaderas relaciones, entre los componentes de los datos observados. Estos son:

1) Aditivo: $x(t) = T(t) + E(t) + A(t)$

2) Multiplicativo: $x(t) = T(t) \cdot E(t) \cdot A(t)$

3) Mixto: $x(t) = T(t) \cdot E(t) + A(t)$

Donde:

$x(t)$ serie observada en instante t

$T(t)$ componente de tendencia

o

E(t) componente estacional

A(t) componente aleatoria (accidental)

Un modelo aditivo (1), es adecuado, por ejemplo, cuando *E(t)* no depende de otras componentes, como *T(t),* sí por el contrario la estacionalidad varía con la tendencia, el modelo más adecuado es un modelo multiplicativo (2). Es claro que el modelo (2) puede ser transformado en aditivo, tomando logaritmos. El problema que se presenta, es modelar adecuadamente las componentes de la serie.

En las siguientes figuras (extraídas de Arellano, M., 2001) se ilustran posibles patrones que podrían seguir series representadas por los modelos (1), (2) y (3).

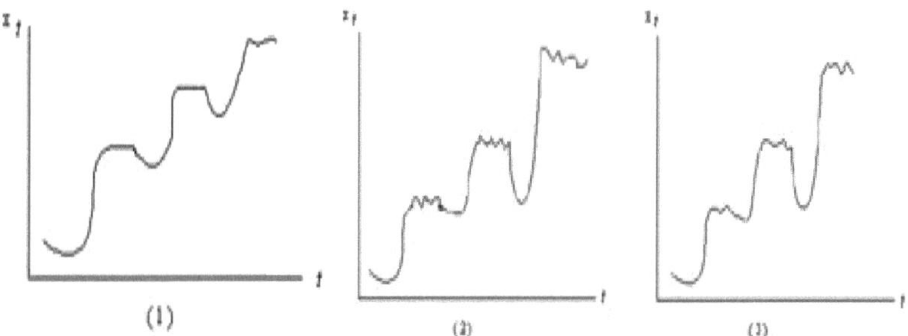

Si la componente estacional *E(t)* no está presente, y el modelo aditivo es adecuado, esto es: $X(t) = T(t) + A(t)$

Un método para estimar la tendencia *T(t)*, consiste en ajustar una función del tiempo, como un polinomio, una exponencial u otra función suave de *t*. Entre las funciones adecuadas para esta tarea se encuentran las presentadas en la Tabla 2:

Lineal	$\mathbf{T(t) = a + bt}$
Exponencial	$T(t) = a\, e^{bt}$
Exponencial modificada	$T(t) = a + b\, e^{bt}$
Polinomial	$T(t) = \beta_0 + \beta_{1t}, \ldots, + \beta_{mt}{}^{m}$
Gompertz 0 < r < 1	$T(t) = e^{(a + b(rt))}$
Logística	$T(t) = \dfrac{1}{a+b(r^t)}, 0 < r < 1$

o

Tabla 2: Funciones útiles para estimar la tendencia en el modelo $X(t) = T(t) + A(t)$

Se debe tener en cuenta que la curva de tendencia debe cubrir un periodo relativamente largo para ser una buena representación de la tendencia a largo plazo. Sin embargo, la tendencia rectilínea y exponencial son aplicables a corto plazo, puesto que una curva con forma de *S* a largo plazo, puede parecer una recta en un período restringido de tiempo. Al analizar una serie de tiempo, lo primero que se debe hacer es graficar la serie. Esto nos permite detectar las componentes esenciales de la serie. El gráfico de la serie permitirá: tendencias, variación estacional y variaciones irregulares (o componente aleatoria).

Para obtener un modelo, es necesario estimar la tendencia y la estacionalidad. Para estimar la tendencia, se supone que la componente estacional no está presente. La estimación se logra al ajustar a una función de tiempo a un polinomio o suavizamiento de la serie a través de los promedios móviles. Para estimar la estacionalidad se requiere haber decidido el modelo a utilizar (mixto o aditivo). Una vez estimada la tendencia y la estacionalidad se está en condiciones de predecir.

EJEMPLO

En la Tabla 3, (extraída de *U.S. Department of Comerse, Survey of Current Bussines),* se muestran los datos correspondientes a las nuevas unidades habitacionales comenzadas en los Estados Unidos del tercer trimestre de 1964 al segundo trimestre de 1972 (en miles de unidades).

Tabla 3: Unidades habitacionales, (en miles), en EEUU (1964-1972.

Año	**I**	**II**	**III**	**IV**
1964			398	352
1965	283	454	392	345
1966	274	392	290	210
1967	218	382	382	340
1968	298	452	423	372
1969	336	468	387	309
1970	264	399	408	396
1971	389	604	579	513
1972	510	661		

o

Sea t cada uno de los 32 trimestres que van de 1964 a 1972, o sea que $t = 1$ para el tercer trimestre de 1964, $t = 2$ para el cuarto trimestre, y así sucesivamente. Así que el dominio de definición de t es el conjunto de los enteros de 1 a 32 inclusive, y sea $T(t)$ las iniciaciones de viviendas trimestralmente. Con estos datos se desea estimar la tendencia. Suponiendo que la componente estacional $E(t)$ no está presente, y el modelo aditivo es adecuado, entonces el modelo es:

$x(t) = T(t) + A(t)$

En este caso podemos estimar la tendencia $T(t)$, lo cual significa ajustar una función del tiempo, utilizando alguna de las funciones presentadas en la Tabla 2. En este ejemplo se hace uso de los modelos: 1) lineal y 2) exponencial.

Modelo lineal : $T(t) = a + bt$. En este caso se tienen 2 parámetros a y b, los cuales se pueden estimar utilizando el método de mínimos cuadrados, tarea que es posible ejecutar sin dificultades mediante una simple planilla de cálculo. Con los datos de este problema se obtiene:

	Coeficientes	Error típico	Estadístico t	Probabilidad
Intercepción	285,308468	31,5191652	9,05190433	4,4145E-10
Variable t	6,34494135	1,66700416	3,80619408	0,00064855

Con lo cual: $T(t) = 285,31 + 6,34 \cdot t$

Modelo exponencial : $T(t) = a\ e^{bt}$. En este caso también existen 2 parámetros para estimar, sin embargo el modelo no es lineal, con lo cual, para poder aplicar el método de mínimos cuadrados, es necesario primero realizar una transformación en los datos. Es posible obtener un modelo lineal, a partir del exponencial, simplemente aplicando logaritmos:

$Ln\ T(t) = Ln\ a + b\ t$ (4)

Entonces, reemplazado en la expresión (4), $Ln\ T(t)$ por $T'(t)$ y $Ln\ a$ por a', se puede reescribir el modelo exponencial de la siguiente forma :

$T'(t) = a' + bt$ (5)

o

La expresión (5) permite, mediante el ajuste por el método de mínimos cuadrados, estimar los parámetros del modelo exponencial. Para los datos presentados, se obtuvo para expresión (5):

	Coeficientes	Error típico	Estadístico t	Probabilidad
Intercepción	5,68266033	0,08323752	68,2704223	1,7746E-34
Variable t	0,01510954	0,00440231	3,43218151	0,00176721

Con lo cual en (5) es:

$T'(t) = 5{,}68 + 0{,}015t$ (6)

De (6) surge que b = 0,01 y teniendo en cuenta que $e^{(5{,}68)}$ = 293,73, el modelo exponencial quedaría escrito como :

$T(t) = 293{,}73\ e^{0{,}015\, t}$

RESULTADOS Y CONCLUSIONES

En el ejemplo presentado, para los modelos considerados, se obtuvieron las siguientes estimaciones:

Modelo lineal: $T(t) = 285{,}31 + 6{,}34 \cdot t$

Modelo exponencial: $T(t) = 293{,}73\ e^{0{,}015\, t}$

Obtenidos los modelos matemáticos que permitirán realizar estimaciones del número (en miles) de las nuevas unidades habitacionales comenzadas en los Estados Unidos, es necesario también realizar una interpretación de los parámetros.

En el modelo lineal, cuya representación gráfica es una recta, (ver gráfico al pie), el coeficiente de la variable independiente, el tiempo en trimestres, indica la relación entre la variación de la Tendencia *T(t)* con respecto a la variación temporal, entre dos trimestres, Dicho de otro modo, el coeficiente de la variable *tiempo*, *t*, (pendiente de la recta), es el incremento en la *Tendencia T(t)*, cuando el tiempo se incrementa en 1 trimestre.

El nombre de pendiente de una recta esta justificado. Cuando se dice que un camino tiene la pendiente 5% , significa que por cada 100 unidades horizontales asciende 5 unidades, es decir, el cociente de las ordenadas por las abscisas

o

correspondientes es
5/100. Nótese que el valor de la pendiente de una recta no depende de la elección particular
de los puntos elegidos. En el modelo lineal del caso que se está estudiando, el coeficiente de la variable independiente es 6,34 por lo cual se puede afirmar:

Si se considera un modelo lineal, la Tendencia del número de nuevas habitaciones en EEUU aumenta uniformemente en 6,34 por trimestre, o que es lo mismo, que la tendencia aumenta en un 0,063 % trimestralmente.

Nótese que en el modelo lineal este aumento en la Tendencia no depende de los trimestres que se estudien. Sin embargo de la observación de la Tabla 4 surge claramente que dicha afirmación no es cierta cuando se considera el modelo exponencial. En este último caso las variaciones en la Tendencia, en cada trimestre, dependen del punto considerado, y se pueden calcular encontrando las derivadas de la función en los puntos en cuestión. La pregunta que como docente uno se haría, al plantear el estudio de la función exponencial, en un curso introductorio de matemática, en el cual aún no se ha introducido el concepto de derivada es: ¿ Qué se podría decir de la variación de la Tendencia en el caso exponencial?.Teniendo en cuenta la relación encontrada en (3)

$$\frac{y_4 - y_3}{y_3} == b^c - 1$$

y que el modelo exponencial $T(t) = 293{,}73\ e^{0{,}015\,t}$, *es*

$b^c\text{-}1 = e^1\text{-}1 = 2{,}7 - 1 = 1{,}7$

es posible afirmar:

Si se considera un modelo exponencial, la Tendencia del número de nuevas habitaciones en EEUU aumenta uniformemente en una proporción de 1,7 en cada trimestre. O sea que al pasar de un trimestre a otro, el cambio proporcional en la Tendencia es del 0,17 %.

Tabla 4: Trimestres y ajuste de la Tendencia para los 2 modelos y cambios en la misma considerando c = 1 trimestre

t	1	2	3	4	5	6	7	8	9	10	11	12	13	14	15	16
T(t) (observado)	398	352	283	454	392	345	274	392	290	210	218	382	382	340	298	452
T(t)* = 285,30 + 6,34 *t	292	298	304	311	317	323	330	336	342	349	355	361	368	374	380	387
$\Delta T(t) = T_{i+1}(t) - T_i(t)$	6.34	6.34	6.34	6.34	6.34	6.34	6.34	6.34	6.34	6.34	6.34	6.34	6.34	6.34	6.34	6.34

o

$\frac{T_{i+1}(t)-T_i(t)}{T_i(t)}$	0.017	0.017	0.017	0.017	0.017	0.017	0.017	0.017	0.017	0.017	0.017	0.017	0.017	0.017	0.017	0.017

***T(t)* = 293,72 e^{0,015t}**	298	303	307	312	317	322	326	331	337	342	347	352	357	363	368	374
$\Delta T(t)=T_{i+1}(t)-T_i(t)$	4,54	4,61	4,68	4,75	4,82	4,90	4,97	5,05	5,12	5,20	5,28	5,36	5,44	5,53	5,61	5,69
$\frac{T_{i+1}(t)-T_i(t)}{T_i(t)}$	0.017	0.017	0.017	0.017	0.017	0.017	0.017	0.017	0.017	0.017	0.017	0.017	0.017	0.017	0.017	0.017

t	**17**	**18**	**19**	**20**	**21**	**22**	**23**	**24**	**25**	**26**	**27**	**28**	**29**	**30**	**31**	**32**
T(t) (observado)	423	372	336	468	387	309	264	399	408	396	389	604	579	513	510	661
T(t)* = 285,30 + 6,34 *t	393	400	406	412	419	425	431	438	444	450	457	463	469	476	482	488
$\Delta T(t)=T_{i+1}(t)-T_i(t)$	6.34	6.34	6.34	6.34	6.34	6.34	6.34	6.34	6.34	6.34	6.34	6.34	6.34	6.34	6.34	6.34
$\frac{T_{i+1}(t)-T_i(t)}{T_i(t)}$	0.017	0.017	0.017	0.017	0.017	0.017	0.017	0.017	0.017	0.017	0.017	0.017	0.017	0.017	0.017	0.017
***T(t)* = 293,72 e^{0,015t}**	380	386	391	397	403	410	416	422	429	435	442	448	455	462	469	476
$\Delta T(t)=T_{i+1}(t)-T_i(t)$	5,78	5,87	5,96	6,05	6,14	6,24	6,33	6,43	6,52	6,62	6,72	6,83	6,93	7,04	7,14	
$\frac{T_{i+1}(t)-T_i(t)}{T_i(t)}$	0.017	0.017	0.017	0.017	0.017	0.017	0.017	0.017	0.017	0.017	0.017	0.017	0.017	0.017	0.017	0.017

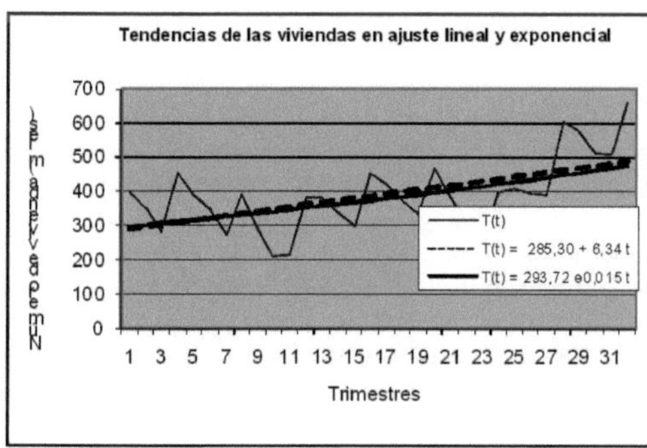

BIBLIOGRAFÍA

Arellano, M. (2001): "Introducción al Análisis Clásico de Series de Tiempo", [en línea] 5campus.com, Estadística http://www.5campus.com/leccion/seriest

Makridakis, S; Wheelright, S.C.; McGee, V.E. (1983). Forecasting: Methods and Applications. Wiley, New York.

Peña, Daniel. (1989). Estadística, Modelos y Métodos 2. Modelos Lineales y Series Temporales. Alianza Universidad, Madrid.

o

FUNCIONES Y MATRICES EN CONTEXTO: USO DE LA TELEDETECCIÓN

Rivas,R; Sastre Vázquez, P. ; Boubée, C, Rey, G, Cañibano, A.

RESUMEN. En la formación de los nuevos profesionales es fundamental incentivar la iniciativa, la búsqueda de alternativas de solución de problemas relacionados con los procesos reales de la profesión, así como la integración de los conocimientos y el desarrollo del componente investigativo. Una adecuada contextualización, con aplicaciones que no son artificiales, sino al contrario, son del interés del alumno, puede ayudar a lograr la motivación. La Matemática en contexto resulta no ser tan árida, ni estar aislada de la realidad del estudiante y de hecho facilita el proceso de enseñanza y aprendizaje. En el presente trabajo se propone una actividad matemática en la cual se utilizan conceptos provenientes de la teledetección.

INTRODUCCIÓN

Una de las posibles causas de la gran proporción de estudiantes que no aprueban las ciencias básicas, en particular Matemática, puede ser el poco interés que tienen los alumnos por estas ramas de la ciencia, ya que no ven de manera inmediata su aplicación, ni el objeto de tener que cursarla, en carreras donde la matemática es una herramienta, pero no un objeto en sí misma, como sucede en Ingeniería Agronómica. Los docentes debemos vincular la enseñanza de la Matemática con la realidad del alumno, basándonos en aquello que le interesa y que pueda despertar su interés. Utilizando solo aquellas situaciones que surjan de la realidad del alumno lograremos un aprendizaje más significativo, solo así se logrará observar la parte utilitaria de la matemática, ya no como ciencia abstracta sino como ciencia aplicada a la realidad.

En tal sentido, Luelmo, 1997, puntualiza:"*Las situaciones reales bien elegidas y adaptadas a los estudiantes, constituyen un elemento motivador. Por lo tanto, los contenidos matemáticos que en ellas pueden aprenderse, no solo adquieren significado desde un punto de vista intelectual, sino relevancia, en cuanto que se aplican a una situación personal o profesional interesante. El reto para el profesor estriba, por lo tanto, en seleccionar situaciones que movilicen emotiva e intelectualmente al alumno".*

El diseño curricular debe combinar: 1) Competencias básicas (saberes, conocimientos y habilidades que sirven de base para la adquisición de conocimientos y destrezas), 2) Competencias técnicas (específicas de una determinada actividad laboral, aquellas que especializan a los sujetos en un determinado campo profesional) y 3) Competencias transversales (saberes y habilidades que atraviesan distintas ocupaciones como trabajar en equipo, resolver problemas, gestionar recursos). La resolución de problemas es una metodología apropiada para el desarrollo de competencias laborales, ya que permite poner en contacto al sujeto con situaciones del mundo real. Esta metodología favorece la tarea en pequeños grupos ya que las situaciones presentadas admiten distintas alternativas de resolución.

Esta actividad aspira a lograr que los estudiantes desempeñen un papel activo en el proceso de enseñanza aprendizaje, a fin de que desarrollen habilidades generalizadas y capacidades intelectuales que les permitan orientarse correctamente en la literatura científico – técnica, buscando los datos necesarios de forma rápida e independiente, y aplicando los conocimientos técnicos adquiridos activa y creativamente.

Con la actividad propuesta se pretende lograr un acercamiento entre el objeto de estudio de la Matemática para la carrera de Agronomía y un objeto de trabajo del profesional que se pretende formar, lo que favorece el desarrollo de un proceso docente educativo en interrelación con los sistemas agropecuarios, contribuyendo a la motivación constante de los alumnos y a la formulación de problemas contextualizados por parte del docente.

NOCIONES BASICAS DE TELEDETECCION

El marco de estudio de la teledetección es la observación remota de la superficie terrestre. Los nuevos medios de teledetección son de especial interés en los campos de la geografía, biología, edafología, ciencias forestales, agronomía, oceanografía o cartografía. Los Sensores Remotos permiten obtener información acerca de un objeto, área, o fenómeno utilizando sistemas de registro que no están en contacto con el objeto, área, o fenómeno bajo investigación. La energía proviene del sol, se propaga a través de la atmósfera, incide en la superficie de la tierra, se produce una retransmisión de la energía a través de la atmósfera y los sensores en las aeronaves y espacionaves la detectan. Esto da como resultando la generación por parte del sensor de datos en forma de fotografías o imágenes digitales.

La teledetección está interesada de manera particular en los espectros electromagnéticos producto de la interacción de los rayos electromagnéticos generados durante el intercambio energético entre la tierra y el sol. En esta relación se destacan por su uso los espectros siguientes:

1) El dominio del visible, comprendido en el intervalo de onda del orden de 0.38 hasta 0.78 μm. En este intervalo se capta el canal pancromático utilizado en los estudios urbanos.
2) El dominio del infrarrojo cercano, comprendido en el intervalo de 0.78 hasta 3 μm, de gran uso en los estudios relacionados con la determinación de los contenidos en agua.
3) El dominio del infrarrojo medio, comprendido en el intervalo de 3 hasta 8 μm, toma como base de su emisión y reflexión la superficie terrestre. Este dominio es destinado a los estudios de los contenidos en humedad de la actividad de la clorofila.
4) El dominio del infrarrojo térmico, comprendido en el intervalo de 8 hasta 15 μm, toma como base la emisión exclusiva desde la superficie terrestre, destinado en general a los estudios relacionados con la meteorología.

Estos cuatro dominios y otros del espectro magnético, delimitan el campo de la teledetección pasiva; es decir, en este caso, los sensores poseen solamente la propiedad de captar los rayos electromagnéticos emitidos y/o reflejados desde diferentes fuentes. Al contrario, en la teledetección activa, las fuentes de emisión están confundidas con los mismos sensores diseñados para captar la reflexión de los rayos electromagnéticos emitidos desde las mismas fuentes emisoras (radares, sonares, láser).

o

El término SIG procede del acrónimo de Sistema de Información Geográfica (en inglés GIS, Geographic Information System).Técnicamente se puede definir un SIG como una tecnología de manejo de información geográfica formada por equipos electrónicos (hardware) programados adecuadamente (software) que permiten manejar una serie de datos espaciales (información geográfica) y realizar análisis complejos con éstos siguiendo los criterios impuestos por el equipo científico.

Mientras otros Sistemas de Información (como por ejemplo puede ser el de un banco) contienen sólo datos alfanuméricos (nombres, direcciones, números de cuenta, etc.), las bases de datos de un S.I.G. han de contener además la delimitación espacial de cada uno de los objetos geográficos. Por ejemplo, un campo que tiene su correspondiente forma geométrica plasmada en un plano, tiene también otros datos asociados como tipos de suelo y su temperatura , tipo de vegetación que lo cubre, etc. Por tanto, el SIG tiene que trabajar a la vez con ambas partes de información: su forma perfectamente definida en plano y sus atributos temáticos asociados. Es decir, tiene que trabajar con cartografía y con bases de datos a la vez, uniendo ambas partes y constituyendo con todo ello una sola base de datos geográfica.

Aunque a nivel geográfico las relaciones entre los objetos son muy complejas, siendo muchos los elementos que interactúan sobre cada aspecto de la realidad, la topología de un S.I.G. reduce sus funciones a cuestiones mucho más sencillas, como por ejemplo conocer el polígono (o polígonos) a que pertenece una determinada línea, o bien saber qué agrupación de líneas forman una determinada carretera. Existen diversas formas de modelizar estas relaciones entre los objetos geográficos o topología. Dependiendo de la forma en que ello se lleve a cabo se tiene uno u otro tipo de Sistema de Información Geográfica dentro de una estructura de tres grupos principales: SIG Vectoriales, SIG Raster y SIG Orientados a Objetos. Los vectoriales utilizan vectores (básicamente líneas), para delimitar los objetos geográficos, mientras que los raster utilizan una retícula regular para documentar los elementos geográficos que tienen lugar en el espacio, Figura 1.

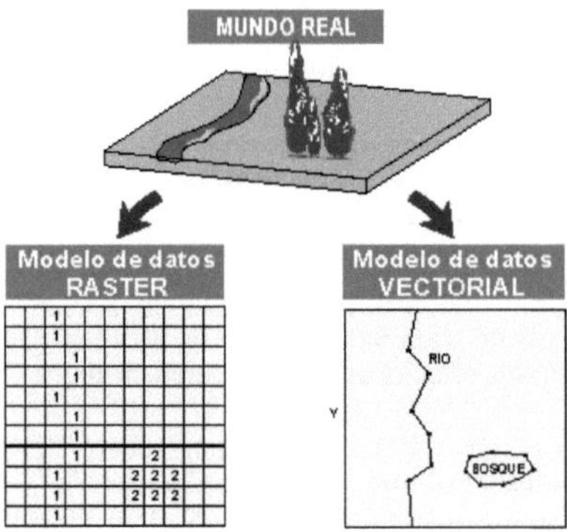

Figura1

Los Sistemas de Información Raster basan su funcionalidad en una concepción implícita de las relaciones de vecindad entre los objetos geográficos. Su forma de proceder es dividir la zona de afección de la base de datos en una retícula o malla regular de pequeñas celdas (a las que se denomina pixels) y atribuir un valor numérico a cada celda como representación de su valor temático. Dado que la malla es regular (el tamaño del pixel es constante) y que conocemos la posición en coordenadas del centro de una de las celdas, se puede decir que todos los pixels están georreferenciados. Lógicamente, para tener una descripción precisa de los objetos geográficos contenidos en la base de datos el tamaño del pixel ha de ser reducido (en función de la escala), lo que dotará a la malla de una resolución alta. Sin embargo, a mayor número de filas y columnas en la malla (más resolución), mayor esfuerzo en el proceso de captura de la información y mayor costo computacional a la hora de procesar la misma, Figura 2.

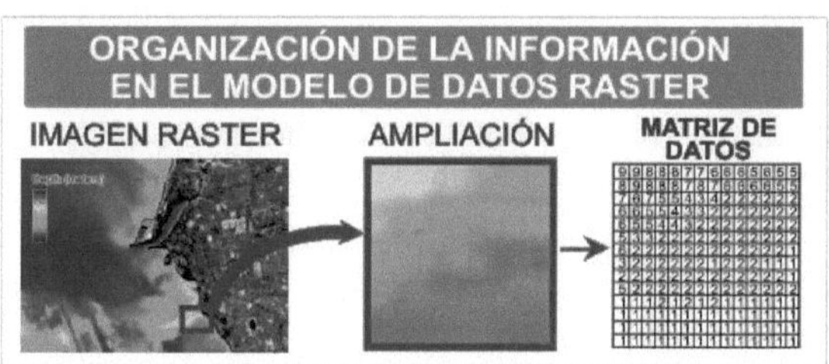

Figura 2

La teledetección está basada en propiedades de las ondas electromagnéticas. Físicamente, las ondas electromagnéticas están definidas por tres características: 1) el ancho de onda (*l*), 2) la frecuencia (*u*) y 3) la polarización; estas variables se relacionan con la velocidad , *C*, mediante $C = l\,u$.

El desplazamiento de la onda en su plan de evolución posee una energía potencial, *E*, definida por un rayo electromagnético proporcional a la frecuencia de la onda electromagnética según

$$E = hu$$

donde *h* es la constante de Planck (6.626 10^{-34} J. s)

Cada cuerpo calentado a una temperatura superior a los 0 Kelvin (-273.15 °C), emite rayos, en todas las direcciones, de la energía recibida y en las condiciones de un cuerpo negro el balance energético es nulo. La iluminación solar varía en función de la posición de la tierra y las partículas presentes en el espacio. Estas variables determinan una constante solar (la iluminación) del orden de 1353 ± 21 $W.m^{-2}$. En las condiciones de un cuerpo negro, la emitancia de una superficie es:

$$M_n = CTe^{-4} \qquad (1)$$

siendo *C* la constante de Stefan - Boltzman (5.6697. 10^{-8} W. $m^{-2}.K^{-4}$). En las condiciones de un cuerpo geográfico, la emisión de un ancho de onda *l* , *E(l)* está definida por :

o

$$E(l) = \frac{M}{M_n} \qquad (2)$$

Siendo M la emitancia de la superficie del objeto a una temperatura dada y M_n la emitancia de un cuerpo negro a la misma temperatura. La combinación de las ecuaciones (1) y (2), da como resultado la energía emitida para cualquier superficie:

$$M = E(l)CTe^{-4}$$

Es decir que los diferentes cuerpos geográficos son caracterizados por una emisión energética específica a cada uno de ellos; esta última depende de su composición química y su estructuración física. Es esta propiedad específica la que aprovecha la teledección para operar una identificación de los objetos geográficos en su ambiente. Cabe mencionar que la interacción energética que se da entre los objetos geográficos y otras fuentes de energía no se desarrolla en un ambiente exclusivo; en este sentido, la energía proveniente de un objeto geográfico está sometida también a muchos factores que distorsionan su medida.

La emisión energética específica de cada cuerpo es almacenada en los canales que constituyen en su conjunto lo que llamamos una imagen satelital. La señal captada en un intervalo de ancho de banda es almacenada en su canal específico a través de la afectación de un valor digital (VD) a cada píxel del mismo canal. Los VD afectados son el resultado de la transformación a un número de la reflexión enviada desde una superficie geográfica, la cual se visualiza en la imagen como un tono específico de un determinado color, (Figura 3). En la mayoría de los casos, los VD son codificados en 8 bits para conformar un espacio de visualización de 256 niveles, pero podemos encontrar también codificaciones en 16 bits por un espacio de discriminación de 65536 niveles. El aumento en el número de bits, incrementa la posibilidad de distinción de diferencias centesimales como en el caso de las temperaturas de los objetos geográficos. Como regla general, en caso que el número de bits sea n, las posibilidades de codificación serán del orden 2^n.

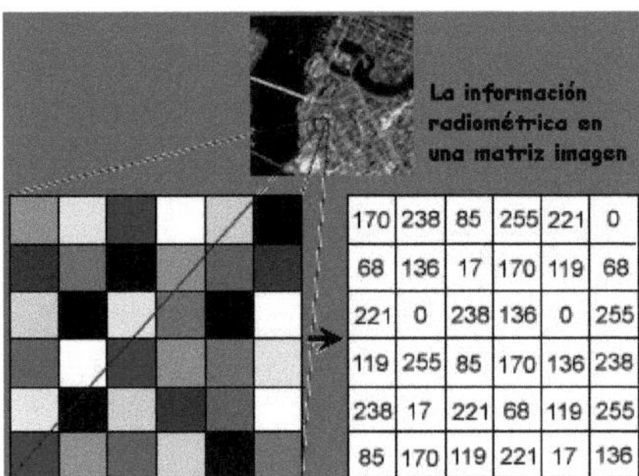

Figura 3

Tenemos dos posibilidades de acceder a firmas espectrales integradas. La primera de ellas consiste en dejar las valores digitales (VD) como están en el soporte en que se adquirió la imagen. La segunda posibilidad, se acostumbra usarla en los estudios del medio natural o de agricultura por sus estructuras y texturas homogéneas. Esta posibilidad, consiste en la conversión de valores de los píxeles de origen en valores porcentuales de la reflectividad para poder comparar las repuestas espectrales a una escala espacial, temporal y de fuentes diferentes. La medida en estos términos, es función de la superficie cubierta por el tamaño de cada píxel: aquí la tasa de reflectividad calculada por cada píxel, toma el valor medio de los objetos geográficos contenido en la misma superficie.

Los valores de píxeles adquirido (Valores Digitales: VD) son, en la mayoría de los casos, la traducción de la radiancia espectral. La relación de los VD con la radiancia espectral es :

$$R_n = K_{0,n} + K_{1,n} VD_n \qquad (3)$$

Siendo R_n la radiancia espectral por cada canal; $K_{0,n}$ y $K_{1,n}$: coeficientes de calibración por cada canal; VD_n los valores digitales por cada canal.

Luego, es necesario transformar la matriz física en unidades de interés agronómico, como por ejemplo temperatura del suelo T_s y reflectividad. Utilizando la inversa de la Ley de Planck se puede obtener la temperatura del suelo, para el sensor Landsat TM de la siguiente forma:

$$T_{s,n} = \frac{H_2}{ln\left(\frac{H_1}{R_n}+1\right)} \qquad (4)$$

Siendo H_1 y H_2 constantes del sensor.

A partir de las expresiones (3) y (4) obtenemos la temperatura de suelo que viene dada por:

$$T_{s,n} = \frac{H_2}{ln\left(\frac{H_1}{(K_{0,n} + K_{1,n}\ VD_n)}+1\right)}$$

Sabemos que la reflectivdad está dada por:

$$r_k = \frac{K\pi R_n}{E_{0,n} \cos q} \qquad (5)$$

Siendo: r_k la reflectividad; K el factor corrector de la distancia tierra-sol; $E_{0,n}$ la radiancia solar extraterrestre en el canal y q el ángulo cenital. A partir de (3) y (5), el porcentaje de reflectividad será calculado así:

$$r_k = \frac{K\pi(K_{0,n} + K_{1,n}\ VD_n)}{E_{0,n} \cos q}$$

o

En la mayoría de los casos, los valores de $K_{0,n}$, $K_{1,n}$, q, $E_{0,n}$ vienen con la imagen, en un archivo de texto. La variable K por el día de la toma de la imagen, puede ser proporcionada por su estación climatológica, o se puede también buscar en una tabla de correctores astronómicos.

APLICACION DIDACTICA

El uso de la teledetección permite trabajar con contenidos matemáticos fundamentales, como son las matrices y distintos tipos de funciones pero vistos en un contexto agronómico. Esto permitirá desarrollar tanto competencias básicas como competencias técnicas y transversales en los alumnos, que deberán participar activamente en el proceso de enseñanza y aprendizaje. Como actividad, se le presentará al alumno una imagen satelital de la zona, con información agronómica relevante, y con su correspondiente Matriz de Banda (es decir con la información en bruto). En base a ella se le solicitará que resuelva las siguientes cuestiones:

1) Explique qué significado tiene cada elemento a_{ij} de la matriz de banda A.
2) Qué significa a_{11}= 0 y a_{43} =255?
3) Obtenga la Matriz Física, B, de radiancia de los puntos de la superficie (energía)
4) Interprete el significado del elemento b_{23} de la matriz B
5) Obtenga la matriz C que almacena las temperaturas de cada punto del suelo, a partir de la matriz A y sin calcular la matriz B. Indique de que forma obtuvo la función utiliza para este cálculo.
6) En cada una de las matrices anteriores, A, B, y C, indique las unidades de los elementos de las mismas y justifique.
7) Generalice algebraicamente, en forma matricial, todo el proceso realizado para obtener la matriz que almacena las temperaturas del suelo en cada punto, es decir C, a partir de la matriz de banda A.

Con la última consigna se pretende que el alumno sea capaz de generalizar, realizando el siguiente esquema, o similar, combinando matrices y funciones compuestas, demostrando un manejo algebraico consistente y la compresión del texto técnico presentado.

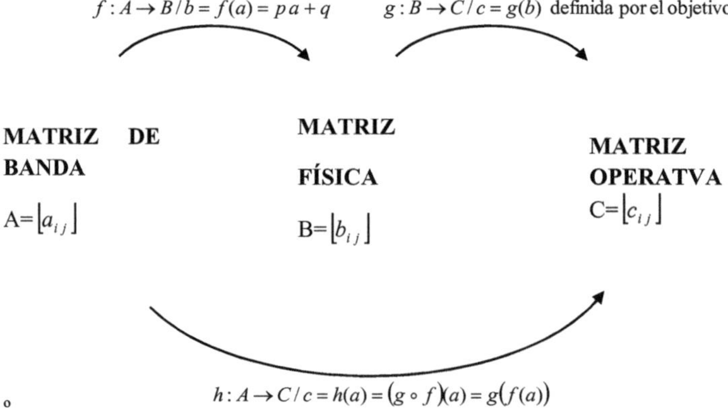

$$\begin{bmatrix} a_{11} & a_{12} & a_{13} \\ \ldots & a_{ij} & \ldots \\ \ldots & \ldots & a_{mn} \end{bmatrix} \quad \begin{bmatrix} b_{11} & b_{12} & b_{13} \\ \ldots & b_{ij} & \ldots \\ \ldots & \ldots & b_{mn} \end{bmatrix} \quad \begin{bmatrix} c_{11} & c_{12} & c_{13} \\ \ldots & c_{ij} & \ldots \\ \ldots & \ldots & c_{mn} \end{bmatrix}$$

BIBLIOGRAFÍA

LUELMO, M. T. (1997). Un entorno para el aprendizaje de las Matemáticas. UNO. Revista de Didáctica de las Matemáticas 12, 5 - 7.

PERKINS, D. Y BLYTHE, T. (1997). Ante todo la comprensión. En Perkins David 1997. Enseñanza para la comprensión, introducción a la teoría y su práctica. Mimeo. Harvard University: 7 - 11.

CHUVIECO, E. 1996. Fundamentos de Teledetección Espacial. Ediciones RIALP, S.A. Madrid.

COPPIN, P., BAUER, M. 1994. Processing of multitemporal Landsat TM imagery to optimize extraction of forest cover change features. IEEE Transactions on Geoscience and Remote Sensing 32:918-927.

LUSCH, D.P. 1989. Fundamental considerations for teaching the spectral reflectance characteristics of vegetation, soil and water. En Current Trends in Remote Sensing Education (M.D. Nellis, R. Lougeay y K. Lulla, Eds.), Geocarto International Centre, Hong Kong, pp.5-2.

SCANVIC, J.Y. 1989. Teledetección Aplicada. Cartografía, Geología estructura, Exokiracuón minera, Media ambiente, etc. Editorial Paraninfo. 200 pp.

o

APLICACIONES MATEMÁTICAS SOBRE UN IMPLEMENTO DE USO AGROPECUARIO

Cañibano A., Sastre Vázquez P., Gandini M

RESUMEN: A partir de una situación real y concreta con la cual puede enfrentarse un alumno de la carrera de Ingeniería Agronómica, tanto en la situación de estudiante como posteriormente de profesional, en este trabajo, se pretende hacer uso del tema áreas y volúmenes, un contenido incluido en el plan de estudios, con el objeto de poder resolver una problemática donde se integren los conocimientos matemáticos como prioridad en la solución del mismo.

INTRODUCCIÓN

Cuando en los cursos introductorios o nivelatorios universitarios se trata el tema *Magnitudes*, muchas veces se resuelven problemas puramente matemáticos y con bastante dificultad para el alumno que tiene todas las expectativas en la carrera que comienza. La Matemática está presente en casi todos los hechos cotidianos y cuando se comienza a mirar en detalle lo que la naturaleza nos ofrece también se encuentran elementos, detalles, estructuras que pueden analizarse desde la Matemática.

La Matemática siempre ha causado algo de temor en muchos alumnos que ingresan a la universidad, ese temor sigue latente pero están dispuestos a vencerlo porque el plan de estudio les exige cursar esta asignatura. En la carrera de Ingeniería Agronómica el plan de estudios indica un curso nivelador de 8 semanas de Introducción a la Matemática, una primera materia cuatrimestral de Matemática y otra, en el segundo cuatrimestre de Análisis Matemático. Lo deseable por parte de los docentes que nos dedicamos a esta área de estudio es que la mayoría de los alumnos entienda, aprenda y sepa que se le está brindando una herramienta para resolver problemas en su futuro inmediato y para su carrera profesional.

A fin de reflexionar sobre estas cuestiones y no caer siempre en las mismas consideraciones, conviene transcribir algunos fragmentos de un trabajo de de Guzmán, M. (1983):

> *"Y con todo, el pensar matemático merece un lugar privilegiado en el conocimiento por razón de su adecuación a su propio objeto, su evidencia y su certeza."*
>
> *"La Matemática es también un instrumento de exploración de la naturaleza. Aristóteles ha expresado así el carácter "liberal" de la Matemática en su mismo nacimiento: "Pero una vez que todas las técnicas necesarias se constituyeron, se vieron surgir ciencias cuyo objeto no puede ser ni la comodidad ni la necesidad. Nacieron primero en los climas donde el hombre puede entregarse más fácilmente al ocio y así las ciencias Matemáticas nacieron en Egipto,*

o

donde la casta de los sacerdotes ocupaba de esta manera sus ocios" (Metafísica, Libro I, cap. 1, v.18).

La observación es interesante y expresa la concepción predominante en la Grecia clásica sobre el carácter desligado de toda consideración utilitaria de la Matemática. Pero la afirmación de Aristóteles es falsa. La Matemática occidental surgió primero entre los babilonios con fines prácticos bien concretos, económicos y astronómicos."

El objetivo de esta presentación es mostrar como es posible trabajar con un elemento concreto, el silo bolsa, y alrededor de este, desplegar todos los conocimientos que involucran el tema magnitudes, para entender las utilidades que brinda la Matemática y para concretizar los conocimientos en objetos reales.

Además en este trabajo se muestra que una herramienta de trabajo para el alumno, en su futuro profesional es abordable desde las primeras semanas de cursada de la carrera motivando el interés del alumno por la Matemática. Adicionalmente se otorga a la Matemática un carácter fundamental de herramienta, para algunas aplicaciones concretas en la carrera de Ingeniería Agronómica.

PRESENTACIÓN DEL PROBLEMA

A partir de la presentación de un implemento agrícola para el acopio de granos, que consiste en una amplia bolsa plástica donde almacenar la cosecha hasta que sea necesario transportarla para su comercialización, se analizarán algunas aplicaciones de carácter inminentemente práctico, los cuales tienen como sustento teórico conceptos sobre:

- Áreas
- Volúmenes
- Peso específico
- Nociones básicas de trigonometría

Respecto a las dos primeras aplicaciones citadas anteriormente, todos los elementos que existen en el universo tienen forma y ocupan lugar en el espacio, que podemos medir aplicando conocimientos de geometría. Las relaciones geométricas están presentes en las pequeñas y grandes construcciones que el hombre ha realizado con el avance de la tecnología. Su estudio es esencial para la comprensión del espacio real a través de la intuición geométrica o la percepción espacial.

La trigonometría por su parte ofrece muchísimas ventajas que no siempre se saben aprovechar. El alumno debería dar por sabido que el cálculo de lados, de superficies o de volúmenes de distintos objetos va muchas veces acompañado de conocimientos trigonométricos.

MATERIALES

Para este trabajo se presentó un elemento destinado al acopio de granos, el silo bolsa, un invento argentino inspirado en la observación del almacenaje de granos en bolsas de plástico en Canadá. Se prefirió este tipo de silo, ya que actualmente se lo puede observar desde el camino en distintos campos y lugares de acopio durante la época de la cosecha. Es un elemento manuable a diferencia de los silos emplazados que son mucho más antiguos y además mueven cantidades diferentes de volúmenes de materia.

Fig. 1: Silo Bolsa

El silo bolsa es una bolsa plástica blanca, de espesores variables según su uso (desde los 150 hasta los 250 micrones) y filtro de rayos ultravioletas. En un principio se utilizaron materiales color negro con espesores de 200 micrones cuyo uso principal fue la cobertura de parvas de heno con forma de cuadrado pequeño y silos clásicos (búnker, puente, torta).

Más recientemente y también en polietileno de baja densidad, aparecen los filmes fabricados por coextrusión de tres capas, en colores blanco y negro. El color blanco, observable desde el exterior, define un producto tipo "reflex", haciendo más fría a la película, y por ende evitando temperaturas extremas en el forraje conservado.

El tamaño más utilizado es de entre 60-75 metros de largo, por 9 pies de ancho. A modo de ejemplo cada bolsa puede almacenar unas 200 Tn de trigo.

Para el embolsado se utiliza una máquina embutidora, de funcionamiento muy sencillo y para la extracción del grano almacenado se utilizan máquinas aspiradoras que lo descargan directamente al camión.

METODOLOGÍA

Se presenta el tema a los alumnos, se les muestra el objeto de estudio con el fin de ser reconocido por ellos. Se muestran los silos vacíos y extendidos y luego con la forma que adoptan cuando son rellenados con los granos.

Dadas las dimensiones estándar de los silos se pide que:

a) Identifiquen las figuras geométricas que representan al silo extendido y al silo lleno.
b) Calculen el área ocupada por el silo vacío.
c) Calculen la superficie ocupada en el suelo por el silo lleno
d) Calculen el volumen que puede contener el silo.
e) Calculen la altura del silo lleno.

o

f) Calculen distintos volúmenes según el peso específico de distintos granos.
g) Calculen el peso del silo según esté ocupado por diferentes especies de granos.

Como una actividad extra, se ofrece una porción de imagen SPOT XS de 2.5 m de resolución (disponible gratuitamente en Google Earth) donde se pueden observar silos bolsas en el campo. Sobre la base del tamaño del pixel se pide que:

a) Calculen el largo del silo
b) Calculen el ancho
c) Calculen la superficie ocupada en la imagen.

ALGUNAS APLICACIONES

- Es importante remarcar que la forma del silo puede analizarse cuando se halla extendido y cuando está lleno. En el primer caso hablaremos de un rectángulo de 75 metros de largo por 4,5 pies de ancho. Con estos datos es posible calcular la superficie del silo extendido, ocupada en el suelo y además se puede trabajar con la conversión de pies a metros.

1 pie = 0,3048 metros = 30,48 cm

Extendido se observaría la mitad del ancho = 4,5 pies

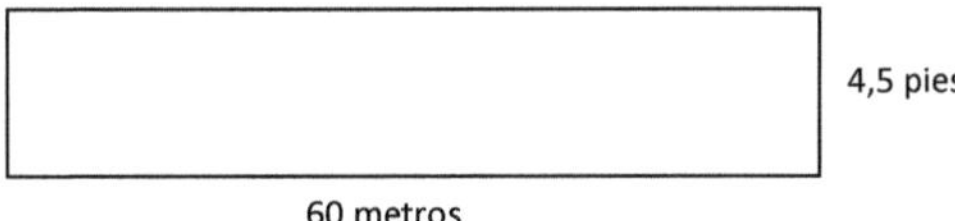

- Un silo lleno puede tratarse como un cilindro y es posible calcular el volumen aproximado. Cuando está lleno se debe analizar como medio cilindro ya que tiene parte de su estructura apoyada.

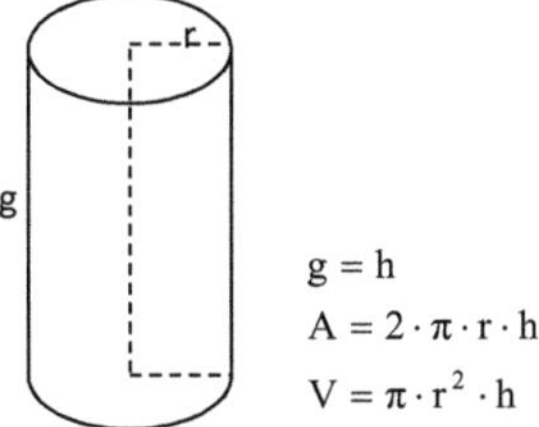

$$g = h$$
$$A = 2 \cdot \pi \cdot r \cdot h$$
$$V = \pi \cdot r^2 \cdot h$$

- Si se desea analizar el volumen ocupado en los extremos se puede trabajar con el volumen de un cono. En este caso se podrán aplicar conceptos de trigonometría para calcular la arista o la altura del cono.

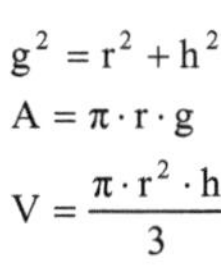

$$g^2 = r^2 + h^2$$
$$A = \pi \cdot r \cdot g$$
$$V = \frac{\pi \cdot r^2 \cdot h}{3}$$

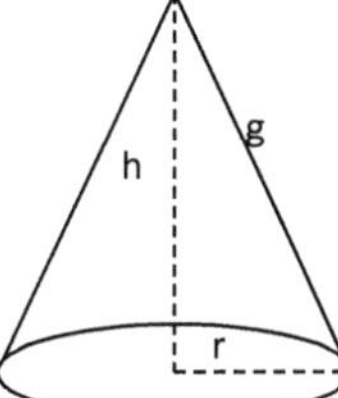

o

También es posible pensar la terminación en forma de cuña, lo cual se asemeja más a la realidad y hacer el cálculo de dicho volumen se logra calculando la mitad del volumen de un paralelepípedo.

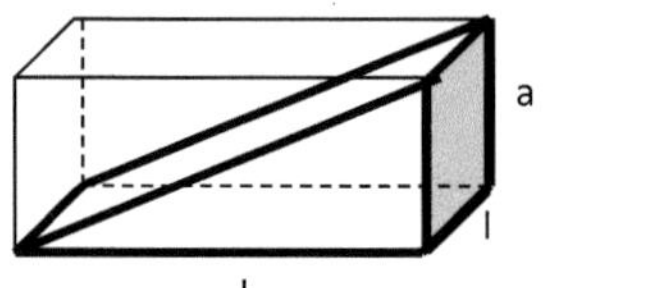

$$\text{Volumen} = \frac{L \cdot l \cdot a}{2}$$

- A partir del peso específico de distintos tipos de granos se puede calcular el peso que puede soportar el silo en cada caso: $P_e = \frac{\text{Peso}}{\text{Volumen}} \Rightarrow \text{Peso} = P_e \cdot \text{Volumen}$

Producto	**kg/m³**
Maní sin cáscara	340
Maní con cáscara	290
Arroz sin cáscara	750
Arroz con cáscara	580
Café en granos	600
Porotos Frijol	750
Maíz	750
Soja	800
Trigo	800

CUADRO 1: Peso específico de algunos granos (Fuente: Adaptado de Puzzi, 1977)

- En el caso que se disponga de imágenes satelitales, aquí también es posible trabajar con magnitudes. Dependiendo del programa para ver imágenes se pueden obtener las dimensiones de un objeto; en el caso que vamos a presentar con la barra herramientas (Tools, ruler) del mismo se pueden realizar mediciones. Los silos observados en las imágenes poseen un largo aproximado de 60,13 metros de largo por 10,86 metros de ancho.

o

Fig. 2: Silos en el campo (Imagen SPOT, 2010)

En una imagen del objeto de estudio más ampliada, podrían realizarse actividades tales como:

a) Conteo de pixeles que abarca el mismo
b) Por proporcionalidad directa las dimensiones largo y ancho.
c) Cálculo de la superficie en la imagen.

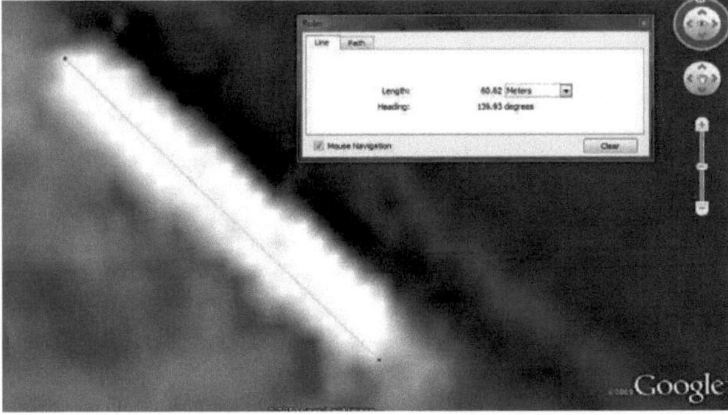

Fig. 3: Herramienta Ruler para mediciones

CONCLUSIONES

En los primeros años de carrera, trabajar desde la Matemática con elementos, fenómenos u otros casos de interés para el ingeniero agrónomo supone indagar en la naturaleza y buscar solapar el tema de interés con modelizaciones, contextualizaciones y simulaciones de carácter matemático. Eso es básicamente la Matemática aplicada y resulta de sumo interés en el alumno quien carece del conocimiento del amplio campo de incumbencias que posee el título que lo habilitará. Simultáneamente capta el interés

o

en la enseñanza y encuentra el sentido de lo que aprende. El docente espera que el alumno analice en forma crítica los distintos procesos en desarrollo y manifieste capacidades que le permitan actuar en forma práctica.

BIBLIOGRAFIA

Carluccio, C.; Bragachini, M.; Martínez, E. Los Plásticos y la Conservación de Forrajes y Granos en la República Argentina. pp 12. http://www.agriculturadepresición.org. Recuperado: 08/07/2010

de Guzmán Miguel. (1983) *Algunos aspectos insólitos de la actividad Matemática*. Investigación y Ciencia, Febrero 1983, pp.100-108.

Leithold L. (1998). Cálculo con Geometría Analítica. Editorial Oxford University Press

Puzzi, D. 1977. Manual de armazenamento de graos. Sao Paulo, Brasil, Editora Agronômica CERES.

Thomas G. (1959). *Cálculo Infinitesimal y Geometría Analítica.* Editorial Aguilar. Madrid.

o

RESOLUCIÓN DE PROBLEMAS MATEMÁTICOS EN FOROS VIRTUALES: PROPUESTA DE INNOVACIÓN

Rey, G.; Boubée, C.; Sastre Vázquez, P.

RESUMEN: Los resultados de las evaluaciones de diagnóstico realizadas en la Facultad de Agronomía muestran que las dificultades de aprendizaje más importantes que presentan los alumnos de Matemática se ubican en los procesos que intervienen en la resolución de problemas, exceptuando los ligados a la operatoria numérica (Sastre Vázquez et al, 2005). En particular, en la primera asignatura con contenidos matemáticos de esta Facultad, Introducción a la Matemática, se propone enfatizar en la construcción del sentido del conocimiento matemático, sin que esto signifique obviar los aspectos formales propios de la disciplina. Y consideramos que el sentido del conocimiento matemático se encuentra en los problemas. Los contenidos involucrados en dicha asignatura ya han sido abordados en el nivel educativo anterior, por lo tanto, se promueve la utilización y reutilización de los conocimientos ya aprendidos y el desarrollo de nuevas relaciones entre ellos. En este marco y con la convicción de que el diseño de buenas oportunidades de aprendizaje se refleja en la presentación de numerosas situaciones problemáticas no rutinarias y con variados contextos, el equipo docente de esta asignatura asume el desafío de introducir cambios en las prácticas para promover un mejoramiento en el aprendizaje de los estudiantes. Surge así una propuesta de cambio a la actual metodología de enseñanza: la incorporación de un foro virtual para la resolución de problemas. En este trabajo se presenta la etapa inicial de esta innovación: su planificación, en el marco del Programa de Educación Continua a Distancia (PROECAD), proyecto institucional de la UNCPBA.

INTRODUCCIÓN: DIAGNÓSTICO DE SITUACIÓN

Los resultados de las evaluaciones de diagnóstico realizadas en la Facultad de Agronomía muestran que las dificultades de aprendizaje más importantes que presentan los alumnos de Matemática se ubican en los procesos que intervienen en la resolución de problemas, exceptuando los ligados a la operatoria numérica (Sastre Vázquez et al, 2005). Dentro de los diferentes tipos de dificultades encontradas, se mencionan como ejemplos: la sujeción a alguna forma particular de resolución, la imposibilidad de afrontar situaciones que tienen una tipología diferente a las conocidas, la dificultad en la búsqueda de formas alternativas de resolución, la incomprensión de los enunciados y la falta de validación de las respuestas.

En un somero análisis acerca de las causas de las dificultades que se presentan en la resolución de problemas matemáticos, si bien se acepta que puede existir un componente inherente a la propia complejidad de la actividad, no puede obviarse la importancia que tienen los planteamientos metodológicos de la enseñanza.

En este sentido, se debe mencionar que tradicionalmente, la enseñanza de la Matemática se ha regido por una especie de lema "aprendo-aplico": el docente explica los conceptos y los procedimientos algorítmicos, y luego propone una serie de ejercicios y problemas, que ponen en juego esos conceptos y procedimientos, para que sean aplicadas las ideas obtenidas de la explicación. Este modelo, aunque con algunos matices, sigue estando vigente en las escuelas e incluso muchos libros de texto tienen una estructura afín.

o

En la asignatura Introducción a la Matemática de esta Facultad, en cambio, se propone enfatizar en la construcción del sentido del conocimiento matemático, sin que esto signifique obviar los aspectos formales propios de la disciplina. Y el sentido del conocimiento matemático se encuentra en los problemas.

Los contenidos matemáticos involucrados en dicha asignatura ya han sido abordados en el nivel educativo anterior, por lo tanto, se promueve la utilización y reutilización de los conocimientos ya aprendidos y el desarrollo de nuevas relaciones entre ellos.

Si bien no se estructura todo el currículum de la asignatura en torno a la resolución de problemas, ésta es la principal estrategia metodológica seleccionada para alcanzar los objetivos previstos.

Esta metodología promueve un importante nivel de resistencia por parte de la mayoría de los alumnos. Las creencias estudiantiles mayoritarias acerca de "cómo se aprende" dificultan la asunción de un rol protagónico en el proceso. A los alumnos les resulta difícil asumir que la forma de aprender Matemática es "haciendo" Matemática, es decir, razonando, hipotetizando, justificando, equivocándose, reflexionando, discutiendo.

La tarea de resolución de problemas se realiza en pequeños grupos de alumnos, dentro de comisiones formadas por alrededor de cincuenta estudiantes. Sólo hay dos docentes por comisión y ésta es una cantidad insuficiente para poder realizar las orientaciones en los momentos adecuados y para acompañar el proceso completo de cada uno de los grupos.

Aprender a resolver problemas y resolver problemas son procesos que requieren de mucho tiempo, sobre todo cuando no existe destreza ni se dispone de orientaciones ante los bloqueos o la orientación no llega en el momento oportuno. Así, muchas veces, el tiempo previsto para una clase no alcanza para completar la tarea de resolución y además, reflexionar sobre la misma. El tiempo es una variable de difícil control en la planificación de las clases.

En este marco y con la convicción de que el diseño de buenas oportunidades de aprendizaje se refleja en la presentación de numerosas situaciones problemáticas no rutinarias y con variados contextos, el equipo docente de esta asignatura asume el desafío de introducir cambios en las prácticas para promover un mejoramiento en el aprendizaje de los estudiantes. Surge así una propuesta de cambio a la actual metodología de enseñanza: la incorporación de un foro virtual para la resolución de problemas.

LA PLANIFICACIÓN DE LA INNOVACIÓN

- *Síntesis descriptiva*:
  - La propuesta consiste en la creación de un foro virtual de aprendizaje en el que se realizarán actividades estructuradas en torno a la resolución de problemas.

o

Es una actividad complementaria del desarrollo presencial de la asignatura Introducción a la Matemática, que se dicta en todas las carreras de la Facultad de Agronomía de la UNCPBA.

- *Objetivo general:*
  - Promover un mejoramiento cualitativo en el aprendizaje de los estudiantes a través del desarrollo de capacidades relacionadas con el trabajo autónomo y reflexivo en situaciones de creciente incertidumbre y complejidad.

- *Objetivos específicos:* A través de esta propuesta, se espera que los alumnos:
  - construyan y reconstruyan conocimientos matemáticos como herramientas implícitas en la resolución de situaciones que se presenten como problemas para ellos.
  - puedan reutilizar conocimientos matemáticos, como herramientas en la resolución de distintos problemas, generando otros sentidos de ese saber y obteniendo nuevas relaciones con otros conocimientos.
  - desarrollen un trabajo colaborativo en la resolución de los problemas.
  - utilicen el razonamiento, la comunicación, la conjetura, la justificación y la demostración como capacidades que intervienen en el proceso de resolución de problemas.
  - desarrollen estrategias cognitivas y metacognitivas.

- *Recursos:*
  - Plataforma específica.
  - Computadoras y servicio de Internet: una para cada docente.
  - Computadoras con Internet a disposición de alumnos: cantidad dependiente del número de alumnos ingresantes.

ENSEÑAR Y APRENDER EN UN FORO VIRTUAL

Las nuevas tecnologías de la información y la comunicación (TIC) ofrecen importantes posibilidades para mejorar la Educación siempre que su uso se justifique en el marco de los objetivos educativos que ayuden a lograr o de las dificultades que ayuden a resolver (Cabero, 2002).

Si bien las TIC son muy útiles para la transmisión de información, se acuerda con Cabero (2002) en que lo verdaderamente importante es que permiten la creación de nuevos entornos formativos y de nuevas formas de comunicación entre los participantes del acto educativo. En particular, la comunicación asincrónica presenta importantes ventajas para el aprendizaje ya que los participantes trabajan a un ritmo individual, pudiendo tomarse el tiempo que requieran para leer, reflexionar, escribir y revisar antes de compartir ideas o preguntas con el resto de los participantes. Además de las nuevas formas de comunicación, las TIC también permiten el desarrollo de nuevas posibilidades y estrategias educativas como las relativas a un modelo centrado en el alumno y la potenciación aprendizaje colaborativo.

o

Las consideraciones enunciadas previamente proveen el marco dentro del cual se asume la incorporación de un escenario virtual y el desarrollo de un foro para la resolución de problemas matemáticos.

Además, tomando en cuenta la actividad específica a desarrollar, el foro virtual puede ser un espacio comparativamente mejor que el presencial, al menos si se mantienen las características y condiciones del espacio presencial descriptas en el diagnóstico de situación. La principal ventaja del foro virtual radica en la posibilidad de disponer de un protocolo que refleje todo el proceso de resolución de los problemas, desde el inicio hasta el fin, y tanto del proceso grupal como del individual. La confección de este protocolo resulta del desarrollo de la tarea en este soporte y seguramente ofrecerá una información más completa y precisa que la contenida en el registro escrito que se obtiene en una actividad presencial.

Los protocolos de resolución de problemas son una herramienta fundamental para que los alumnos puedan reflexionar sobre el propio proceso, desarrollando estrategias metacognitivas, y sobre el proceso de los otros participantes del foro, desarrollando el juicio crítico.

Según expresa González (2007), en el proceso de búsqueda de la solución de un problema, el resolutor activa dos subsistemas de actuación intelectual: el cognitivo (propiamente dicho) y el metacognitivo, encargado de supervisar, regular y controlar al primero; en éste tiene lugar el despliegue de las acciones de uso de los hechos matemáticos aplicables a la situación, mientras que en el metacognitivo se ubica el accionar referido a la gestión del supra-indicado uso. Lo anterior sirve de base para afirmar que si bien es cierto que para poder resolver un problema matemático se necesita la posesión de conocimientos, habilidades y destrezas matemáticas específicas (dominio cognitivo), esto no es suficiente puesto que también se requieren habilidades para gerenciar tales conocimientos, habilidades y destrezas, lo cual corresponde al dominio metacognitivo; esto es lo que, por ejemplo, hace posible que el resolutor pueda, sobre la marcha, darse cuenta de si el método que ha escogido para resolver un problema es el adecuado o no; o si está siendo aplicado en correspondencia con las condiciones del problema; también gracias a la actividad metacognitiva, el resolutor puede reconocer los atascos y, en consecuencia, modificar el curso de su accionar cognitivo; en general, la metacognición lo habilita para regular su propio pensamiento; y los niveles que en ella se alcancen pueden constituir la diferencia entre un buen resolutor y quien no lo sea.

En particular, a través de la información que se registra en un protocolo, pueden responderse preguntas tales como: ¿qué caminos ha seguido para resolver el problema? ¿qué decisiones ha tomado? ¿se ha empecinado en alguna idea? O, por el contrario, ¿ha considerado varias opciones para abordar el problema? ¿qué tipo de representaciones ha empleado? ¿cómo ha sido su pensamiento: visual, analítico, geométrico? Así, tomando el hábito de la reflexión, podrían emerger, en parte, los procesos que rigen su mente y

o

avanzar en la toma de conciencia tanto de sus capacidades para resolver problemas, como de sus límites y bloqueos. De esta forma es posible llegar a conocer, por ejemplo, cuáles dificultades tiene para resolver problemas, qué tipo de estrategias para resolver problemas domina mejor y cuál es la tendencia habitual de su pensamiento. (González, Ibíd.)

Todas las consideraciones realizadas hasta aquí acerca de la propuesta de innovación que se planifica se entienden en términos de posibilidades. Muchas son las condiciones que deben confluir para que tales posibilidades se concreten efectivamente. Sin duda, dentro de las más importantes están las vinculadas al rol que cumple el tutor del foro virtual.

Se acuerda con Martínez (2004) en que la definición del rol del docente es independiente de la modalidad de enseñanza. En cualquier modalidad, el docente debe ayudar a que los alumnos aprendan y más concretamente, que aprendan a pensar y decidir por sí mismos. La modalidad, en cambio, sí influye en las estrategias que debe desplegar el docente para cumplir su rol.

Entre las principales estrategias previstas, para el caso particular del tutor del foro virtual para la resolución de problemas matemáticos, se destacan:

a) Realizar el diseño de problemas, en los términos ya definidos, considerando la variedad en cuanto a su tipología: cerrados y abiertos, con resolución de pasos múltiples de distinta complejidad, con ausencia o falta de necesidad de algunos datos, con información presentada en distintos registros, entre otros.
b) Generar nuevos problemas cambiando las condiciones de un problema dado (estrategias particulares: "¿qué ocurriría si…? y "¿qué ocurriría si no…?)
c) Colaborar en la creación de un clima de confianza en las propias posibilidades y en las posibilidades de los compañeros, valorando las ventajas de un trabajo colaborativo.
d) Organizar los tiempos de cada etapa de resolución.
e) Promover la participación de los alumnos entendiendo que la misma no sólo debe limitarse al envío de mensajes sino también a responder mensajes de otros compañeros, justificando sus posiciones.
f) Procurar la utilización de lenguajes diferenciales (lenguaje natural y lenguaje matemático).
g) Promover el contraste y el cuestionamiento reflexivo y argumentado de todas las ideas y procedimientos propuestos en el foro, como condición necesaria para la toma de decisiones.
h) Intervenir ante los "bloqueos" cognoscitivos mediante estrategias particulares como la promoción de búsqueda de información, la determinación de subproblemas asociados, la elaboración y resolución de problemas propios respetando el contexto del enunciado de referencia, descontextualizar algunos objetos matemáticos para su análisis formal, entre otros.
i) Proponer el uso de todos los registros de representación posibles en el marco de la resolución de un problema particular (registro verbal, algebraico, gráfico, etc.)

o

j) Proponer que las vías alternativas de resolución puedan continuarse en otros foros, posteriores o simultáneos, pero con una instancia final de análisis integral de todos ellos.
k) Promover la búsqueda de la validación de los resultados tomando como fuente principal al mismo problema.
l) Favorecer la reflexión sobre el proceso individual y colectivo, en sus múltiples aspectos (emocional, cognitivo, social, etc.)

El mayor desafío para los docentes que promueven el uso del foro virtual para resolver problemas está vinculado con su falta de formación específica sobre enseñanza en entornos virtuales y su inexperiencia como profesores/tutores en la modalidad virtual. Todos ellos, en cambio, poseen experiencias como alumnos bajo esta modalidad y por lo tanto, reconocen que una de las claves principales en este tema es el desempeño del profesor/tutor.

ACERCA DE LA EVALUACIÓN

Si bien aún no se han diseñado las herramientas que se utilizarán, sí se han establecido los criterios generales para la evaluación de esta innovación en particular, dado que consideramos la evaluación como un proceso continuo que forma parte inseparable de los procesos de enseñanza y de aprendizaje. En la evaluación intervendrán todos los actores involucrados; cada uno de ellos expresará su percepción acerca del nivel de concordancia entre lo previsto y lo efectivamente realizado, explicitando aquello que identifica como avance o como dificultad en relación a los fines que se persiguen. Se tiende así no sólo a la evaluación por parte del docente, sino también a la autoevaluación, a la coevaluación de los alumnos.

La evaluación se realizará a lo largo de todo el proceso para tener posibilidad de realizar ajustes a nivel de organización, estructura o contenido, considerando esta retroacción como una característica fundamental de toda evaluación, tendiente a la toma de decisiones.

A MODO DE CIERRE

En esta presentación sólo se ha descripto la etapa inicial de la propuesta de innovación: a partir de la necesidad de intervenir pedagógicamente persiguiendo un mejor aprendizaje de los alumnos ingresantes se ha iniciado la planificación de un proyecto que aún tiene pendientes su implementación y evaluación.

Hasta aquí se ha podido avanzar en aspectos relativos a la justificación y a la posible conveniencia de su concreción, desde un punto de vista pedagógico, aunque con la incertidumbre y el temor que implica cualquier cambio. Es sabido que la planificación en Educación nunca opera como un manual de instrucciones asegurando el control de todas las variables y que todo acto educativo siempre presenta imprevistos, urgencias, conflictos.

o

Quedan aún por resolver otros aspectos imprescindibles para la implementación de la propuesta: la disponibilidad de los recursos previstos, particularmente el acceso a una plataforma específica que permita el desarrollo del foro, y la incorporación al proyecto del personal encargado de las tareas administrativas y técnicas.

BIBLIOGRAFÍA

CABERO, J. (2002). "La aplicación de las TIC: ¿esnobismo o necesidad educativa?" [artículo en línea] *Revista de Tecnología de la Información y Comunicación Educativas. Ministerio de Educación, Cultura y Deporte. España,* n.1. <http://reddigital.cnice.mec.es/1/firmas/firmas_cabero_ind.html>

GONZALEZ, F. (2007). "Los protocolos escritos como medio para examinar la configuración metacognitiva en la resolución de problemas matemáticos". Actas IX SEM – IV PADEM. Universidad Nacional de Luján - EDUMAT. Chivilcoy. Argentina.

MARTINEZ, J. (2004). "El papel del tutor en el aprendizaje virtual". [artículo en línea] *UOC.* <http://www.uoc.edu/dt/20383/index.html>

SASTRE VÁZQUEZ, P; BOUBÉE, C; REY, G. (2005). "Dificultades en la Resolución de Problemas del Alumno Ingresante a Ingeniería Agronómica". Actas XIX Reunión Latinoamericana de Matemática Educativa, RELME 19. Montevideo. Uruguay.

o

Printed by Books on Demand GmbH, Norderstedt / Germany